Otto Janson

Das Meer

Seine Erforschung und sein Leben

Otto Janson

Das Meer

Seine Erforschung und sein Leben

ISBN/EAN: 9783954271986
Erscheinungsjahr: 2012
Erscheinungsort: Bremen, Deutschland

© *maritimepress in Europäischer Hochschulverlag GmbH & Co. KG, Fahrenheitstr. 1, 28359 Bremen. Alle Rechte beim Verlag und bei den jeweiligen Lizenzgebern.*

www.maritimepress.de | office@maritimepress.de

Aus Natur und Geisteswelt

Sammlung wissenschaftlich-gemeinverständlicher Darstellungen

30. Bändchen

Das Meer

seine Erforschung und sein Leben

Von

Prof. Dr. Otto Janson

Dritte Auflage

Mit 40 Abbildungen

Druck und Verlag von B. G. Teubner in Leipzig und Berlin 1914

Vorwort zur ersten Auflage.

Die letzten Dezennien des vergangenen Jahrhunderts haben die Blicke des deutschen Volkes mehr denn je aufs Meer hinaus gerichtet gesehen. Der wachsende Wohlstand unseres Vaterlandes und seine sich stetig mehrenden maritimen Interessen haben im Verein mit dem erfreulicherweise sich immer mehr hebenden Gefühl der nationalen Zusammengehörigkeit ihm die Pflichten vor Augen geführt, die das Stammland seinen in weiter Ferne wohnenden Gliedern gegenüber zu erfüllen hat. Die Aufgabe, deutschem Besitz, den Errungenschaften deutscher Tatkraft und Ausdauer eine feste Stütze zu geben, beginnt gerade in der letzten Zeit immer mehr als die Pflicht aller aufgefaßt zu werden, und daher rührt auch das Interesse, das die Weltmeere mit ihren in ihrer Tiefe ruhenden Geheimnissen sich in immer weiteren Volksschichten zu erobern beginnen. Waren früher die Ozeane das größte Hindernis für das Zusammenleben der Völker, so sind sie heute gerade die wichtigsten Vermittler für die Verbreitung von Handel und Verkehr, Kultur und Wissenschaft.

Die hier gegebenen Schilderungen der wichtigsten Erfolge der modernen Meeresforschung sind im allgemeinen aus Vorträgen zusammengestellt, durch die der Verfasser in den letzten Jahren zur Förderung der maritimen Bestrebungen unseres Volkes sein Scherflein beizutragen versucht hat. Der zur Verfügung stehende Raum war eng begrenzt, und die Hauptsorge betraf deshalb eine richtige Auswahl des schon jetzt äußerst umfangreichen Stoffes, der nach der Bearbeitung des von der letzten Deutschen Tiefsee-Expedition (1898/99) mitgebrachten Materials jedenfalls noch bedeutend anwachsen wird. Viele wichtige Punkte konnten daher auch nur mit einer kurzen Andeutung bedacht werden, und aus demselben Grunde mußten auch die vielen Fragen, deren endgültige Beantwortung späteren Jahrzehnten vorbehalten sein wird, sich mit einem kurzen Hinweis begnügen.

Dem Herrn Verleger spreche ich für die freundliche Bereitwilligkeit, mit der er dem Bändchen die Beigabe zahlreicher erläuternder Abbildungen ermöglicht hat, auch an dieser Stelle meinen Dank aus.

Köln, im Mai 1902.

Der Verfasser.

Vorwort zur dritten Auflage.

Auch die vorliegende dritte Auflage lehnt sich eng an die erste an. Da aber die Ozeanographie und besonders auch die Lehre von der Verbreitung der Organismen in den Weltmeeren dank einer großen Reihe von wissenschaftlichen Expeditionen gerade in den letzten Jahren eine außerordentliche Förderung erfahren hat, war es nötig, einige Kapitel einer durchgreifenden Umarbeitung zu unterziehen und die neu aufgedeckten Tatsachen, soweit sie in den Rahmen des Bändchens passen, zu berücksichtigen und einzufügen. Für den Hinweis auf einige Ungenauigkeiten im Text der ersten Auflagen bin ich den Herren Rezensenten, die dem Büchlein eine so warme Empfehlung mit auf den Weg gegeben haben, zu Dank verpflichtet.

Köln, im November 1913.

Der Verfasser.

Inhaltsübersicht.

I. Abschnitt.

Die Geschichte der modernen Meeresforschung und ihre Ziele.

Es ist leicht erklärlich, weshalb unter den die Erde bewohnenden Nationen gerade die Küstenvölker, die ihr Leben lang das ewige Meer vor Augen haben, die es kennen in seiner majestätischen Ruhe und seiner alles zerstörenden Macht, die als Fischer oder Seeleute ihm ihren Unterhalt verdanken und in ihm eine nie versiegende Quelle von Wohlstand und Reichtum sehen, vor seiner Allmacht eine tiefe und heilige Scheu haben. Aber es wohnt in diesen Völkern, wie in der Menschheit überhaupt, von jeher neben der tiefen, anbetenden Ehrfurcht vor der Naturgewalt ein unendliches Sehnen nach der Ferne, nach dem Unbekannten. Je größer die Gefahr, desto größer der Reiz. Denn in der Ferne winken mit blendendem Glanz unendliche Werte, die dem Mutigen zufallen, der es wagt, die Hand danach auszustrecken, die ihn tausendfach entschädigen können für alle Mühsal und Gefahr. Diese Selbstsucht, dieses Suchen nach fernen Schätzen ist die Triebfeder fast aller Entdeckungsreisen gewesen, von den Meerfahrten der kühnen Phönizier bis zu denen unserer Zeit. Viele Jahrhunderte lang diente das Meer nur als Wasserstraße nach fernen Ländern und Gestaden. Aber dieselbe Sucht nach Gewinn trieb schon früh die Perlenfischer an den Küsten des Indischen Ozeans auch hinein in die unbekannte Tiefe des Meeres, und die armen Schwammsucher des Mittelmeeres trotzen nur aus diesem Grunde allen Entbehrungen und Gefahren; derselbe Egoismus hat auch die erste Anregung zur heutigen Tiefseeforschung mit ihren überraschenden Erfolgen gegeben.

An Anregungen hatte es bereits im Anfange des 19. Jahrhunderts nicht gefehlt; die moderne Meeresforschung nahm aber erst um die Mitte des vorigen Jahrhunderts ihren Anfang. Es war im Jahre 1850. Die noch junge Lehre von der Elektrizität hatte die Erfindung des Telegraphen gezeitigt, der in weiter Ferne wohnende Völker im Augenblick in unmittelbare Berührung zu bringen imstande ist, und in dem genannten Jahre sollte die erste unterseeische Verbindung zwischen England und Frankreich hergestellt werden. Da man das leitende Kabel dem unbekannten Meeres-

grunde anzuvertrauen mußte, war man gezwungen, ihn vorher einer ge=
nauen Untersuchung zu unterwerfen, die manche bis dahin geltende An=
schauung umwarf und neue und äußerst bemerkenswerte Tatsachen aus
dunkler Nacht ans Tageslicht brachte. Weitere Forschungen in dieser Hin=
sicht im Norden des Atlantischen Ozeans durch das englische Schiff „Cy=
clop" hatten zur Folge, daß am 21. August 1858 das erste Wort an der
Hand des Drahtes die geheimnisvollen Meerestiefen zwischen Irland und
Neufundland blitzschnell durchlaufen und die frohe Nachricht von der
glücklich vollzogenen telegraphischen Verbindung zweier Erdteile bringen
konnte. Zwar sollte die Freude von nur kurzer Dauer sein, denn bald
darauf stellte das Kabel für immer seine Tätigkeit ein; die Ursache der
Störung konnte nicht mit Bestimmtheit festgestellt werden. Erst sieben
Jahre später brachte der „Great Eastern" eine zweite Verbindung
zwischen Europa und Amerika zustande. Heute liegen auf dem Boden
der Meere Hunderttausende von Kilometern Kabel. Aber diese aus
rein praktischen Beweggründen ins Werk gesetzten Unternehmungen
hatten den dabei Beteiligten und vor allem den Gelehrten doch zur
Genüge gezeigt, daß die geheimnisvolle Tiefe der Meere ein ganz an=
deres Bild aufweise als man bislang gemeint hatte. Fand man doch als
man im Jahre 1860 das zerrissene Kabel zwischen Sardinien und Algier
aus 3000 m Tiefe heraufholte, daß sich auf ihm in drei Jahren ganze
Kolonien bisher unbekannter Tiere festgesetzt hatten! Den Engländ=
ern, schon damals dem an solchen Unternehmungen am meisten in=
teressierten Volke, war es dank ihrer Flotte, ihrem Reichtum und ihrem
Unternehmungsgeist vorbehalten, in den nächsten beiden Jahrzehnten
das meiste zur Erforschung der Meerestiefen beizutragen. Männer wie
Carpenter, Thomson, Murray und viele andere stellten ihre ganze Kraft
in den Dienst der Tiefseeforschung, und die Regierung, sowie die das
200. Jahr ihrer Gründung feiernde „Royal Society" gaben die nö=
tigen Mittel in freigebiger Weise dazu her. So wurde 1868 der kleine
„Lightning" lediglich für die Tiefseeforschung ausgerüstet; er brachte
zum ersten Male den Nachweis, daß in der Tiefe von ungefähr 1200 m
noch ein reiches Tierleben vorhanden ist. Es folgten (1869—1870)
die Fahrten des „Porcupine" im Atlantischen Ozean und im Mittel=
meer, mit Carpenter und Wyville Thomson an Bord, von denen im
Golf von Biscaya die ansehnliche Tiefe von 4453 m gelotet wurde.
Zugleich brachten die Reisen so überraschende Beobachtungen hinsicht=
lich der Wärme=, Druck=, Boden= und biologischen Verhältnisse der Tief=
see mit, daß die englische Regierung beschloß, unter Aufwendung außer=
ordentlicher Geldmittel — die Kosten der Ausrüstung und Reise be=

liefen sich auf mehr als 4 Millionen Mark — ein Schiff mit allen der Wissenschaft damals zu Gebote stehenden Hilfsmitteln für die Erforschung der Meere auszusenden. So wurde die „Challenger-Expedition" ins Leben gerufen. Das Schiff selbst, das ihr den Namen gegeben hat, war das Ideal eines Naturforschers. Da gab es alles und von allem das Beste und Vollkommenste, das Wissenschaft und Technik der damaligen Zeit den unternehmungsfreudigen Gelehrten mit auf die Reise geben konnte. Von diesen führte der oben genannte Wyville Thomson die Leitung, dem der Geologe Murray, der Physiker und Chemiker Buchanan und die Zoologen Moseley und v. Willemoes-Suhm zur Seite standen; letzterer erkrankte auf der Fahrt und mußte zehn Monate nach der Ausreise nach Seemanns Art auf den Boden des Meeres gebettet werden. Gegen Weihnachten 1872 fuhr der „Challenger" ab, kreuzte den Atlantischen Ozean mehrere Male und dampfte nach kurzem Aufenthalt in Kapstadt in das Südliche Eismeer und nach Australien. Dann ging's quer durch den Großen Ozean nach der Küste von Südamerika, von da durch die Magelhaensstraße und den Atlantischen Ozean in die Heimat, wo das Naturforscherschiff im Mai 1876 nach einer Abwesenheit von drei Jahren und vier Monaten glücklich wieder einlief. Und welche Menge von neuen Tatsachen, welche Fülle von überraschenden Beobachtungen, wieviel seltenes Material in Gläsern und Flaschen brachte es von dieser Reise mit! Da die Durchforschung dieser wertvollen Ausbeute von der Arbeitskraft eines einzelnen Forschers geradezu Unmögliches verlangt hätte, wurde der Stoff verteilt, und wir dürfen stolz sein, wenn wir hören, daß ein nicht geringer Teil zur Durcharbeitung in die Hände deutscher Gelehrter gelegt wurde, die diese ehrenvolle Aufgabe mit Liebe und Eifer, mit deutscher Gründlichkeit und Wissenschaftlichkeit auf das vortrefflichste erledigt haben. Dieser beispiellose Erfolg feuerte nun auch die anderen Kulturvölker zur Nachahmung an, die Vereinigten Staaten von Nordamerika (1873 bis 1880), die Skandinavier (1876—1878), die Italiener (1880) und endlich die Franzosen (1880—1882); alle konnten die Richtigkeit der vom „Challenger" gemachten Beobachtungen bestätigen und brachten eine reiche Ausbeute an neuem Material mit.

„Aber die Deutschen," so höre ich fragen, „wir Deutschen, wo blieben denn wir? Hatten wir denn gar keinen Sinn weder für die ideale Seite dieser Untersuchungen, noch für ihren großen praktischen Wert?" Die deutsche Wissenschaft hegte allerdings schon lange den Wunsch, sich an diesen Forschungsreisen zu beteiligen, und an deutschen Gelehrten, die sich ihnen begeistert gewidmet hätten, fehlte es, wie wir sahen, auch nicht. Aber unsere Reichsflotte war noch klein, und jedes Schiff leider allzu nötig zu anderen Zwecken. Zwar wurde im Jahre 1874 die Kriegs= korvette „Gazelle" für die Tiefseeforschung zweckentsprechend ausge= rüstet; sie bereiste vom Sommer des genannten Jahres bis zum April 1876 unter der Führung von Kapitän v. Schleinitz den Indischen Ozean und stellte auf ihrer Fahrt nach den Kerguelen die Tiefenver= hältnisse der von ihr durchkreuzten Gebiete fest, wobei zugleich physi= kalische und zoologische Untersuchungen angestellt wurden.

Die erste bedeutendere Fahrt eines deutschen Schiffes zur Erfor= schung des Meeres war aber die sogenannte „Plankton=Expedi= tion" (1889). Das Wort „Plankton" ist eine Neubildung von Pro= fessor Hensen, dem wissenschaftlichen Leiter dieser Unternehmung. Hatte man bei den bisherigen Untersuchungen das Hauptaugenmerk auf die Verhältnisse der Tiefsee gerichtet, die physikalischen und chemischen Eigen= schaften des Tiefenwassers, die Gestaltung des Meeresbodens und die eigenartigen Bewohner der Meerestiefen kennen zu lernen gesucht, so galt bei dieser Fahrt das Interesse in erster Linie den zahlreichen meist kleinen Lebewesen, die die oberflächlichen Wasserschichten bevölkern und sich dort schwebend aufhalten, ein Spiel von Wind und Wellen. Hensen hatte darauf hingewiesen, wie wichtig vom praktischen Gesichtspunkte aus eine Kenntnis von diesen Lebewesen des Plankton, von seiner Zu= sammensetzung nicht nur in qualitativer, sondern auch in quantitativer Beziehung, von seiner Verteilung in den Ozeanen und seiner Abhängig= keit von Wind und Wetter für die Hochseefischerei sei. Bilden doch diese Milliarden von winzigen Algen und tierischen Organismen für alle anderen Meeresbewohner die einzige Nahrung; von ihr leben die zahllosen kleineren Geschöpfe, und diese werden wieder von den grö= ßeren verzehrt. Es galt also die Menge dieser Oberflächenfauna und =flora festzustellen und die Gesetze ihrer Abhängigkeit von Wind und Wellen, von Strömungen und Klima zu ergründen. So wurde 1889 auf Anregung Hensens die „Deutsche Plankton=Expedition" ins Leben gerufen. Mitte Juli ging der „National" von Kiel aus in See. Wäh= rend der Reise wurden im Atlantischen Ozean viele gut gelungene Schließnetzzüge ausgeführt. Außer den oben angegebenen Aufgaben wurden auch Untersuchungen über Windrichtung und =stärke, über Klima und Passate angestellt, über Farbe und Salzgehalt des Meerwassers und seine Wärmeverhältnisse, über die Meeresströmungen und ihre Ab= hängigkeit von Wind und Salzgehalt, alles Dinge, die offenbar für Verteilung und Verbreitung des Planktons von der größten Bedeu= tung sind. Wie überhaupt auf dem Gebiete der Wissenschaften, so ruft auch auf dem der Meeresforschung eine einmal angeschnittene Frage hundert andere ins Leben. Die Anregung wirkte nicht nur auf andere Nationen belebend ein, sondern auch Führer von Handelsschiffen erboten sich, während ihrer Reisen Messungen und Studien in der neuen Richtung anzustellen, und Private trugen durch Geldspenden und persönliche Untersuchungen zur Lösung der zahlreichen Rätsel ihr Scherflein bei. Unter diesen ist vor allem Fürst Albert von Monaco zu nennen, der durch glückliche und erfolgreiche Reisen an der Lichtung des Dunkels, das früher über die Verhältnisse der Meerestiefen herrschte, sehr tätig gearbeitet hat. Seine ersten Reisen unternahm er 1885—1888 mit seiner Segeljacht „Hirondelle" in Begleitung der Zoologen Jules de Guerne und Richard; später benutzte er eigens für diese Zwecke ausgerüstete Segeldampfjachten; zahlreiche Fahrten folgten von Jahr zu Jahr. Dem Fürsten verdankt die Wissenschaft auch die sogenannte „Bathometrische Generalkarte", auf der alle geloteten Tiefen der Meere eingetragen sind.

Inzwischen ruhten auch andere Nationen nicht; von ihren Fahrten erwähne ich hier nur die österreichische „Pola"=Expedition zur Untersuchung der ozeanographischen Verhältnisse des Mittelmeeres und des Roten Meeres (1890—1894) und die des dänischen Kreuzers „Ingolf" (1895—1896) in den nordischen Gewässern um Island und Grönland. Die zahlreichen ungelösten Rätsel der Meerestiefen, das lebhafte Interesse, das deutsche Forscher diesem Gegenstande entgegenbrachten, die wachsenden maritimen Beziehungen unseres geeinigten Vaterlandes zeigten aber auch dem deutschen Volke immer mehr, daß es die moralische Verpflichtung habe, nun auch seinerseits zur Erforschung der Meere, für die andere Nationen schon so beträchtliche Opfer gebracht hatten, Bedeutendes beizutragen. Die Anregung dazu fand in maßgebenden wissenschaftlichen und regierenden Kreisen einen fruchtbaren Boden, und dank dem lebhaften Interesse unseres Kaisers für alle Fortschritte des deutschen Volkes, besonders für solche auf dem Gebiete der Seeschiffahrt, und dank der Freigebigkeit des Reichstags — auch das Reichsamt der Marine und das des Innern steuerten zu den Kosten bei — konnte so im Jahre 1898 die Aussendung der „Deutschen Tiefsee=Expedition" unter der wissenschaftlichen Leitung des Leipziger Professors Dr. C. Chun erfolgen. Wir wollen ihr auf ihrem Reiseweg einmal folgen und die dabei erreichten wissenschaftlichen Erfolge in großen Zügen vorführen.

Es war am 1. August 1898, als die „Valdivia", ein der Hamburg=Amerika=Linie gehöriger Dampfer, mit allem wohl ausgerüstet, was

zur Erreichung der weitgesteckten Ziele nötig war, und mit den Teil=
nehmern der Expedition den Hamburger Hafen verließ. Die „Baldi=
via" war 107 m lang und hatte eine Wasserverdrängung von 3000 t.
Ihr Vorderraum war für Fischereizwecke umgestaltet, der hintere Teil
für ozeanographische Arbeiten bestimmt. Dabei war alles auf das prak=
tischste eingerichtet; am Bord befand sich eine elektrische und eine Dampf=
maschine für Lot= und Fangzwecke, und außer den für die Tiefseefor=
schung nötigen Apparaten eine genügende Anzahl von Ersatzstücken.
In erster Linie trachtete man nach der Lösung biologischer Fragen.
Was bildet die Nahrung der Tiefseetiere? Findet wirklich eine Wan=
derung der Meeresbewohner von Pol zu Pol statt, und, wenn das der
Fall ist, wo und wann geht sie vor sich, auf dem Meeresboden oder
an der Oberfläche? Dann galt es ferner die eigenartige Tierwelt ken=
nen zu lernen, die sich beim Zusammentreffen verschieden warmer Mee=
resströme, wie z. B. südlich vom Kap der Guten Hoffnung, vorfindet,
die eigentümlichen Leucht= und Sinnesorgane und andere Anpassungs=
erscheinungen der Tiefseetiere zu studieren und vieles andere mehr.
Kurz, an Arbeit sollte es nicht fehlen. Zunächst ging die Reise von der
Elbmündung nach Norden; die ersten Tage wurden dazu benutzt, die
Leistungsfähigkeit der mitgenommenen Geräte zu erproben und die Be=
wohner des Naturforscherschiffs mit ihrer Handhabung völlig vertraut
zu machen. Dann wurde das Grundnetz zwischen Island und Schott=
land in das kalte Tiefenwasser über dem Thomsonrücken, eine Er=
hebung des Meeresbodens, die bis zur Höhe von 500 m unter dem
Meeresspiegel steigt und das kalte Polarwasser von dem wärmeren des
Atlantischen Ozeans trennt, versenkt; es brachte schon hier eine große
Menge von Tiefseetieren, vor allem von Schwämmen, ans Tageslicht.
Daneben wurde mit dem Plankton= und dem Schließnetz gefischt; auch
über den Bakteriengehalt des Meerwassers in großen Tiefen konnten
neue Tatsachen festgestellt werden. Dann ging die Fahrt nach Süden,
an den Azoren vorbei nach Teneriffa und von da nach Westafrika und
in das Gebiet des Guinea= und Südäquatorialstromes bis nach Ka=
merun. Eine Lotung wenige Meilen südlich vom Äquator ergab eine
Tiefe von fast 5700 m bei einer Bodentemperatur von 1,9° C. Um
die Abnahme der Wärme mit zunehmender Wassertiefe festzustellen,
wurden die Temperaturen des Wassers in bestimmten Abständen ge=
messen, daneben chemische, ozeanographische, biologische und bakterio=
logische Untersuchungen ausgeführt. Ein besonderes Interesse wurde
der Fortsetzung der Hensenschen Untersuchungen der Planktonfauna und
=flora und den Bewohnern der mittleren Wasserschichten unterhalb der

Tiefenlinie von 600 m zugewandt. Es stellte sich heraus, daß das Schließnetz manche Tiere wie Fische, hochrote Krebstiere, Hohltiere, Seewalzen u. a. an die Oberfläche brachte, die man vordem nur als Bodenbewohner gekannt hatte. Im Kamerungebiet und im weiteren Verlauf der Fahrt entlang der westafrikanischen Küste wurden auch einzelne Ausflüge in das Innere des Landes unternommen. In der Großen Fischbucht, die bei einer Länge von 20 Seemeilen bis zum äußersten Ende schiffbar ist, galt das Augenmerk in erster Linie den Nutzfischen, denen der aus Süden kommende kalte Benguelastrom eine riesige Menge von Nährorganismen zuführt. Sie gilt als Hauptlaichplatz für die Fische dieses Teils des Atlantischen Ozeans, und die Menge der mit Angeln und Netzen heraufgeholten Tiere war so groß, daß ein Boot durch die Unmasse der Fische fast zum Sinken gebracht wurde. Auf der Fahrt zwischen der Großen Fischbai und Kapstadt geriet das Vertikalnetz in 2000 m Tiefe auf eine bisher unbekannte Bank, von der das niedergelassene Schleppnetz eine große Anzahl Tiefseetiere heraufholte, die man vorher hauptsächlich als Bewohner der Oberflächenschicht gekannt hatte. In Kapstadt war der erste Teil der Reise beendet. Ein Ausflug nach der Bank bei Kap Agulhas brachte eine neue Überraschung, denn das Scharrnetz förderte zum Erstaunen der Teilnehmer von dem felsigen, durchschnittlich nur 100 m unter dem Meeresspiegel liegenden Grunde eine Anzahl Tiere ans Tageslicht, die eine auffallende Ähnlichkeit mit bekannten nordischen Formen hatten. Von Kapstadt wurde ein Vorstoß in das antarktische Gebiet unternommen, bei dem die vor einem Jahrhundert entdeckte, seit 75 Jahren aber nicht wieder besuchte vulkanische und eisbedeckte Bouvet-Insel wieder aufgefunden wurde. Die Lotungen, die im weiteren Verlauf der Reise gemacht wurden, zeigten, daß das Antarktische Meer durchaus nicht ein so seichtes Becken ist, wie man bislang angenommen hatte; Tiefen von 5000 bis 6000 m wurden wiederholt gelotet. Der südlichste Punkt wurde bei 64° 14′ erreicht. Am Weihnachtstage 1898 wurden die Kerguelen angelaufen, wo die durch keine menschlichen Bewohner scheu gemachten See-Elefanten und Robben den Nimroden unter der Gesellschaft gute Beute lieferten. Dann ging's über Neu-Amsterdam und die Kokos-Inseln nach Padang an der Südwestküste von Sumatra. Jenseits der ihr vorgelagerten Inseln, die durch seichtes Meer getrennt sind, macht sich ein bedeutender Steilabfall iu den Indischen Ozean bemerkbar; 52 Seemeilen von der Insel Nias fand das Lot erst bei 5 700 m Grund. Von da fuhr die „Valdivia" nördlich zu den Nikobaren, wo zwei Dredschzüge zum Teil absonderliche Formen der Tiefsee- und Flach-

seefauna heraufbrachten, Fische, Krebse, Seespinnen, Seesterne und See=
gurken und vieles andere. Von Ceylon wurde über die Malediven und
Chagos=Inseln, die auf einem unterseeischen Rücken, der den westlichen
Teil des Indischen Ozeans begrenzt, liegen, nach den Seychellen ge=
dampft, in deren Nähe die für diese Meere bisher bekannte tiefste Stelle
von 5071 m gelotet wurde. Nachdem dann unsern ostafrikanischen
Landsleuten in Dar es Salaam ein Besuch abgestattet war, wurde die
Heimreise angetreten, und am 30. April lief die „Valdivia" glücklich
wieder in die Elbe ein, wo ein begeisterter Jubel die Mitglieder der
Deutschen Tiefsee=Expedition empfing. Die Menge der Lotungen und
Messungen, die in den Tabellen niedergelegt sind, das in Gläsern ge=
sammelte Material von Meeresorganismen, das die Fahrt geliefert hat,
ist außerordentlich groß und stellt den Teilnehmern und ihrem rast=
losen Fleiß ein ehrendes Zeugnis aus.

Seit der Rückkehr der Deutschen Tiefsee=Expedition sind nun eine
ganze Reihe neuer Forschungsreisen ausgesandt worden, die unsere
Kenntnisse über viele Verhältnisse bedeutend erweitert haben. Viele von
diesen Fahrten hatten allerdings in erster Linie eine Förderung unserer
Anschauungen über die eisbedeckten Polarländer im Norden im Auge,
so die berühmte Fahrt Nansens, die Reisen des Prinzen Luigi von Sa=
voyen auf der „Stella Polare", Nathorsts, Sverdrups, Pearys u. a.;
ein besonderes Interesse ward besonders den antarktischen Gewässern
zuteil, wo in den letzten Jahren viele große Expeditionen tätig waren,
die „Deutsche Südpolarexpedition" unter E. von Drygalski auf
dem Schiffe „Gauß", die Schweden auf der „Antarctic" unter Norden=
skjöld, die Engländer auf der „Discovery" unter Scott, die Schotten
auf der „Scotia" unter Bruce, die Expedition des Franzosen Charcot
und die Borchgrevinks u. a. Aber auf allen diesen Reisen und den
späteren Polarunternehmungen bis in die heutige Zeit der Entdeckung
des Südpols durch Amundsen (1912), die im einzelnen anzuführen
zu viel Raum in Anspruch nehmen würde, haben auch eingehende Un=
tersuchungen der ozeanographischen Verhältnisse der bereisten Gebiete
stattgefunden, und so haben sich heutzutage unsere Kenntnisse von diesen
Verhältnissen außerordentlich vertieft. Dazu sind nach dem Vorbilde
der Deutschen Zoologischen Station in Neapel im Laufe der Zeiten
einige Dutzend andere biologische Stationen an den verschiedensten
Küsten gegründet worden, die außerordentlich viel zur Aufklärung bei=
getragen haben. Endlich sind noch zu erwähnen zahlreiche kleinere Fahr=
ten, die in erster Linie praktische Gesichtspunkte verfolgten und im Dien=
ste der Hochseefischerei tätig waren, und über Laichstätten, Wanderung

und Ernährungsverhältnisse der hauptsächlichen Nutzfische Aufklärung geben sollten. Die einzelnen an der Hochseefischerei interessierten Staaten stellten besonders gebaute und ausgerüstete Fahrzeuge in den Dienst, die ständig die einschlägigen Fragen zu beantworten bestrebt sind und Jahr für Jahr die Fischgründe bereisen. Die deutsche Hochseefischerei wird heute auf 219 Fischdampfern betrieben; von diesen sind fast die Hälfte (112) in der Wesermündung beheimatet. Geestemünde und Bremerhaven sind unsere größten deutschen Hochseefischereiplätze; daneben kommen noch Bremen, Hamburg, Altona und Cuxhaven in Betracht. Im Gegensatz zur Heringfischerei hat sich die Hochseefischerei ohne wesentliche staatliche Unterstützung entwickelt und ist in sehr kurzer Zeit zu beträchtlicher Höhe gelangt. Bis zum Jahre 1884 wurde lediglich auf Segelschiffen gefischt; in diesem Jahre verließ der erste deutsche Fischdampfer, den der Geestemünder Fischhändler Busse ausgerüstet hatte, die Weser. Diese Fischdampfer, deren Einrichtungen in den letzten Jahrzehnten immer mehr verbessert wurden, sind kleine, aber festgebaute Fahrzeuge von 36 bis 40 m Länge, die eine Besatzung von 10 bis 12 Mann haben. Sie gehen oft weit nach Norden in die Polarwässer, wo die Fischerei noch erträglicher ist als in näheren Gebieten. Gefischt wird mit dem Scherbrettnetz, einem trichterförmigen Schleppnetz, das wie ein plattes Riesenmaul aussieht, etwa 40 m Länge und eine etwa ebenso breite Öffnung hat; nachdem das Netz mehrere Stunden über den Boden geschleppt worden ist, wird es heraufgewunden und die brauchbaren Fische sofort geschlachtet, ausgenommen und in die Eisräume gebracht. Der Umsatz im Geestemünder Fischereihafen betrug im Jahre 1909 nicht weniger als 60 Millionen Pfund Seefische.

Die Mannigfaltigkeit und Vielseitigkeit aller ozeanographischen Fragen verlangte aber immer mehr nach einer streng und einheitlich durchgeführten Methodik. Diese wurde neuerdings nach dem Grundsatze der Arbeitsteilung durch internationale Abmachungen geschaffen und läßt eine reiche Förderung aller Arbeiten erhoffen. Der Gedanke gemeinsamer Arbeit nach methodischen Richtlinien führte auch zur Gründung einer Internationalen Kommission für Meeresforschung, deren Arbeit sich in erster Linie auf die nordischen Meeresteile erstreckt.

II. Abschnitt.
Die Verteilung von Wasser und Land auf der Erde; die Lotwerkzeuge und die Tiefen der Ozeane.

Ein Blick auf eine Erdkarte zeigt uns, daß die Fläche des Meeres die des Landes bei weitem übertrifft. Heute wissen wir, daß rund $5/8$

unserer Erdoberfläche unter den Fluten des Meeres begraben sind und nur $\frac{3}{8}$ von festem Lande gebildet werden (Abb. 1). Die Feststellung genauer Zahlen begegnet natürlich großen Schwierigkeiten; gewöhnlich nimmt man die Tiefenlinie von 200 m als die Grenze zwischen Meer und Festland an. Karstens hat für die einzelnen Ozeane folgende Zahlen ermittelt:

Großer Ozean	161 137 000 qkm	Oberfläche
Atlantischer Ozean	79 776 000 „	„
Indischer Ozean	72 586 000 „	„
Nördliches Eismeer . . .	12 563 000 „	„
Südliches Eismeer	15 630 000 „	„

Zusammen 341 642 000 qkm Oberfläche.

Da Karstens die Oberfläche der Binnenmeere mit 30 748 000 qkm berechnet hat, so ergibt sich eine Gesamtfläche von 372 390 000 qkm Wasserbedeckung, der rund 135 500 000 qkm festen Landes gegenüberstehen, also weniger als der dritte Teil. Nach Wagner und Krümmel beträgt das Verhältnis der wasserbedeckten Fläche zu der des trockenen Landes 2,54 : 1. Ebenso falsch waren früher die Ansichten über die Tiefe der Weltmeere, die man einfach für unergründlich hielt. Diese irrige Ansicht hatte sich gebildet auf Grund falscher, mit unvollkommenen Apparaten ausgeführter Lotungen; bevor wir über die Tiefe der Meere sprechen, müssen wir deshalb kurz auf die zu ihrer Ausmessung nötigen Werkzeuge eingehen.

Die Tiefe eines Gewässers zu messen, sollte man meinen, ist doch eine sehr einfache Aufgabe. Man braucht ja nur ein Seil mit einem Gewicht so tief hinabzulassen, bis es auf den Grund stößt. Mit diesem einfachen Apparat, einem höchstens 360 m langen und mit einem zwölfpfündigen Gewicht beschwerten Handlot, dessen Hanfseil ungefähr die Dicke eines Daumens hatte, wurden von alters her die Tiefenmessungen besonders in den Küstengewässern ausgeführt; aber sie lieferten alle mehr oder weniger falsche Ergebnisse, da das Gewicht bei etwa vorhandenen Strömungen nicht ausreichte. Was für Fehler auch bei Anwendung längerer Lotleinen bei früheren Messungen vorkamen, geht daraus hervor, daß der englische Seefahrer Denham bei Tristan du Cunha eine Tiefe von 14 092 m gefunden zu haben glaubte; er beging dabei einen Fehler von rund 9000 m! Der Grund lag eben darin, daß man bei der zunehmenden Tiefe nicht mehr das Aufstoßen des Gewichtes bemerken konnte oder aber nicht mit den unterseeischen Strömungen gerechnet hatte, die stark genug sind, das Gewicht zur Seite zu drücken und das Lot ins Treiben zu bringen. Leistet deshalb ein solches Handlot noch heute wohl

dem Seefahrer, dem es die gefahrbringenden Untiefen anzeigt, gute
Dienfte, fo ift es für die Meffung großer Tiefen nicht zu gebrauchen. Es
galt zunächft, die Gewichte zu vergrößern und dadurch das Abtreiben zu
verhindern; der Umftand ferner, daß
es bei Meffungen größerer Tiefen,
wie oben gefagt wurde, nicht immer
leicht ift, an Bord das Aufftoßen des
Gewichtes auf den Grund des Meeres
ficher wahrzunehmen, führte Brooke
(1854) zur Erfindung des noch heute
mit einigen Abänderungen benutzten
Tieffeelotes. Das Lot Brookes be-
ftand im Prinzip aus einer fchweren
Eifenkugel, die durchbohrt ift und auf
einer hohlen Stange gleitet. Die Kugel ift an diefer fo befeftigt, daß beim
Aufftoßen der Röhre auf den Grund
durch einen Hebelmechanismus die

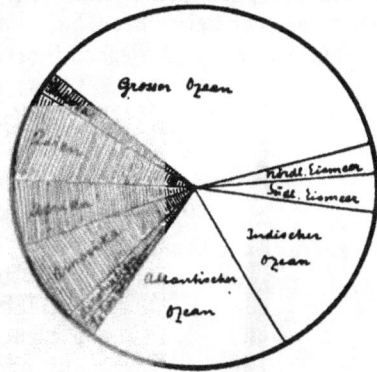

Abb. 1.   Die Verteilung von Waffer und
Land auf der Oberfläche der Erde.

Schnur, durch die die Kugel gehalten wird, fich löft, fo daß letztere abfällt
und die dadurch bewirkte Entlaftung an Bord deutlich zu fühlen ift. Zugleich hat ein felbftfchließendes Ventil eine Probe des Meeresgrundes
aufgenommen. Die im Laufe der Jahre an diefem Tieffeelot vorge-
nommenen Verbefferungen beftehen in erfter Linie darin, daß feit
A. Agaffiz an die Stelle der Hanfleine der feftere und leichtere, durch
Billigkeit und Handlichkeit ausgezeichnete Stahldraht trat, der heute
von einer Trommel mit Zählvorrichtung abgewickelt wird, und daß
heute je nach der zu erwartenden Tiefe mehrere ringförmige Gewichte
auf die Röhre gefchoben werden (Baillies Tieffeelot, 1868, Abb. 2).
Auf je 1800 m Tiefe rechnet man je einen folchen Eifenring von ungefähr einem Zentner Gewicht. Das Aufftoßen der Gewichte zeigt ein
Dynamometer mit Federzug an, oder, bei größeren Tiefen, eine Einrichtung, die im Augenblick, wo der Zug aufhört, automatisch die Lot-
mafchine zum Stillftehen bringt. Da ferner plötzliche Schwankungen
und Rucke leicht ein Zerreißen des Drahtes herbeiführen, läßt man
letzteren an Bord über eine Rolle gleiten, die an einem Syftem von
federnden Spiralen (Akkumulator) aufgehängt ift (Sigsbees Lotma-
fchine). Trotzdem kommen Verlufte häufig vor. Als man auf der „Deut-
fchen Tieffee-Expedition" mit einem neuen Apparate eine Lotung zwi-
fchen Ceylon und den Malediven ausführte und bei 4454 m Tiefe
Grund fand, riß beim Hinaufwinden der neue Stahldraht, fo daß

3200 m samt Thermometern, Lotröhre und den Wasserschöpfapparaten verloren gingen. Mehrere andere Lotapparate sind erfunden und mit gutem Erfolg benutzt worden, deren Beschreibung hier zu viel Raum in Anspruch nehmen würde. Ein Lotwerkzeug besonderer Art ersann Thomson, der Leiter der Challenger=Expedition. Eine durch eine Mes= singhülse gegen das Zerdrücktwerden geschützte und nur unten offene

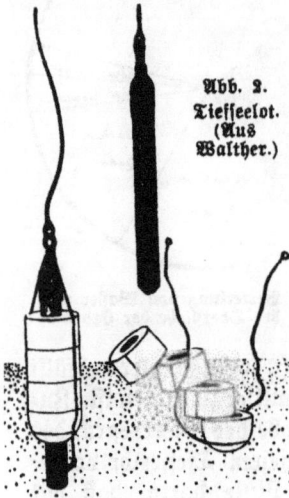

Abb. 2.
Tiefseelot.
(Aus
Walther.)

Glasröhre wird in das Wasser hinabgelassen; je tiefer sie sinkt, desto mehr wird die Luft in ihr durch den Wasserdruck zusammenge= preßt werden, und desto höher wird in ihr das Wasser steigen. Die Veränderung, die ein in der Röhre angebrachter Belag von Silberchromat durch das Seewasser erlitten hat, läßt erkennen, wie weit dieses in ihr ge= stiegen ist, und gestattet so einen Rückschluß auf die von dem Apparate erreichte Tiefe. Es hat sich aber gezeigt, daß die hiermit (auch nach der Verbesserung des Apparates durch Rung) erzielten Resultate nur bei geringe= ren Tiefen von genügender Genauigkeit sind, so daß die meisten Lotungen heute mit dem durch eine Reihe von komplizierten Einrich= tungen verbesserten Brookeschen Apparate ausgeführt werden. Das Loten selbst ist keine leichte Arbeit. Ist das Lot ins Wasser gesenkt, so geht es anfangs mit großer Geschwindigkeit hinab, die aber infolge der Reibung, ein wenig auch infolge der zunehmenden Dichte des Meerwassers, bald nachläßt. Die ersten 3000 m werden etwa in 50 Minuten durchlaufen. So= bald der Grund erreicht ist, windet die Dampfmaschine den Draht wieder auf die Trommel, eine Arbeit, die oft Stunden in Anspruch nimmt.

Es hat sich nun die auffallende Tatsache herausgestellt, daß die Stel= len größter Meerestiefe in den Ozeanen nicht, wie man doch anneh= men sollte, ungefähr in der Mitte zu finden sind, sondern in der Nähe des Festlandes oder ihm benachbarter Inseln, dort, wo oft schon das Vorkommen von Vulkanen oder hart an die Küste herantretenden Ge= birgszügen auf alte Bruchstellen schließen läßt, an denen ein Teil der festen Erdkruste in die Tiefe sank und dann vom Meere bedeckt wurde. Im Großen Ozean galt bis vor kurzem als die absolut größte Tiefe die von 8513 m, die im Jahre 1874 das amerikanische Schiff „Tuscarora" noch nicht 200 km östlich von den Kurilen fand, als es zur Legung eines Kabels den Meeresboden zwischen Japan und Kalifornien unter= suchte. Im Jahre 1896 lotete aber das englische Kriegsschiff „Pinguin" in der Südsee zwischen den Gesellschafts= und Kermadek=Inseln bereits drei Tiefen über 9000 m (9184, 9413, 9427 m), Senkungen, die als tiefe Gräben aufzufassen sind, da zwischen ihnen und in ihrer Nähe viel geringere Tiefen gefunden wurden, und 1899 stellte das amerikanische Kriegsschiff „Nero" im Karolinengraben südöstlich von Guam 9636 m fest. Diese Tiefe galt bis vor kurzem als die absolut größte, ist heute aber überholt durch die Lotungen eines deutschen Vermessungsschiffes. Als solche waren nach dem amtlichen Bericht der Deutschen Seewarte seit 1906 der „Planet" und seit 1911 auch die „Möwe" tätig. Der „Planet" lotete auf der Reise von Cebu nach Termate (auf der Moluk= keninsel Dschilolo) in 9° 56 nördl. Br. und 126° 50' östl. L. die absolut größte Tiefe von 9788 m, und noch zweimal wurden zwischen 5° und 6° nördl. Br. Tiefen von mehr als 9000 m festgestellt. Würde man den höchsten Berg der Erde, den Gaurisankar im Himalayagebirge (8840 m), an der tiefsten dieser drei Stellen versenken, so würde man seine Spitze immer noch fast 1400 m unter dem Meeresspiegel liegen. Betrachten wir die tiefsten Senkungen in den einzelnen Weltmeeren, so geht aus den Messungen der Valdivia=Expedition hervor, daß das Antarktische Meer durchaus nicht so flach ist wie man bisher annehmen mußte; von 17 Lotungen zwischen der Bouvet=Insel und Enderby=Land gaben elf Tie= fen von 5000 bis 6000 m, fünf solche von 4000 bis 5000 an, während nahe der erstgenannten Insel 3080 m festgestellt wurden. Auch für das Nördliche Eismeer ergaben Nansens Lotungen überall Tiefen von 3000 und 4000 m; nur in der Nähe von Spitzbergen wurden flachere Stellen angetroffen. Die größte Tiefe im Atlantischen Ozean wurde mit 8341 m festgestellt; sie liegt nördlich von den Antillen, 70 Meilen von Portoriko entfernt. Der Indische Ozean hat seine größte bis jetzt bekannte Tiefe von 6205 m im Süden von Lombok, der Große Ozean weist die über= haupt tiefste Senkung von 9788 m auf, die bereits erwähnt wurde. Alle diese tiefsten Stellen finden sich in Senkungen, über deren Ausdehnung wir noch nicht genügend unterrichtet sind. Supan nennt sie Gräben; wir werden sie bei der Schilderung des Bodenreliefs der Ozeane noch genauer zu betrachten haben. Die mittlere Tiefe aller Ozeane beträgt nach Murray 4500 m, nach Karstens 3900 m, nach Krümmel 3440 m; sie verteilt sich, wenn wir von den noch nicht genügend bearbeiteten Lo= tungen der Polarländer absehen, auf die der drei großen Weltmeere nach Krümmels und Karstens Berechnungen wie folgt:

Mittlere Tiefe nach Krümmel:		Karstens:
Indischer Ozean:	3890 m	4083 m
Atlantischer Ozean:	3680 „	3763 „
Großer Ozean:	3340 „	3650 „

Die Schwierigkeiten solcher Zahlenangaben liegen klar auf der Hand; ebenso leicht ist zu verstehen, daß die Ergebnisse der verschiedenen Berechnungen zum Teil weit auseinandergehen, da unsere Kenntnisse von diesen Tiefenverhältnissen teilweise noch sehr lückenhaft sind.

Die Rand = und Binnenmeere verhalten sich hinsichtlich der Tiefe sehr verschieden. Die Nordsee ist außerordentlich flach; ihre mittlere Tiefe beträgt noch nicht 90 m. Würde man sich ihre Ausdehnung durch einen Bogen gewöhnlichen Schreibpapiers darstellen, so würde die Dicke dieses Bogens im Vergleich zu seiner Fläche immer noch bedeutend zu groß sein. Noch flacher ist die Ostsee, deren mittlere Tiefe ungefähr 66 m beträgt. Sie erscheint als ein nur oberflächlich unter Wasser gesetztes Stück Binnenland, mehr als ein Binnensee. Dagegen zeigt das Mittelmeer, das mehrere Einsturzbecken darstellt, deren Landmassen in die Tiefe gesunken sind, während ihre Ränder stehenblieben und deshalb heute steil zum Grunde abfallen, 4400 m; das Karaibische Meer weist bis zu 6300 m Tiefe auf, und in den Austral=Asiatischen Binnenmeeren sind solche über 7000 m gemessen worden. Die mittlere Tiefe aller Binnenmeere hat Karstens auf 1060 m berechnet. Alle diese Zahlen sind durch ihre Größe leicht imstande, uns einen ganz falschen Begriff von der Wasserbedeckung der Erde im Vergleich mit ihrem Rauminhalt zu geben. Wenn man sich einen Globus von einem Durchmesser, der der Größe eines erwachsenen Mannes gleichkäme, herstellen und darauf die Erhebungen und Senkungen der Erdoberfläche etwa aus Ton modellieren würde, so würde darauf, wie Walther ausführt, die tiefste Stelle der Meere nur einen Eindruck von weniger mehr als 1 mm machen, der höchste Berg aber mit seiner Spitze eine noch etwas geringfügigere Erhebung darstellen. Wenn man sich ferner auf dem Meeresgrunde alle Unebenheiten ausgeglichen und ebenso auf dem festen Lande alle Gebirge abgetragen und die Täler damit ausgefüllt denken würde, so würde die Wasserbedeckung auf unserem Globus eine Schicht von $5/10$ mm bilden, über die sich das Land mit nur $1/10$ mm erhöbe. Es ist durchaus nötig, daß man sich diese Verhältnisse recht klarmache, denn nur dann kann man verstehen, wie geringfügige Einwirkungen — vergleichsweise — nötig sind, um eine vollständig andere Verteilung von Land und Wasser auf unserer Erde herbeizuführen. Derartige Veränderungen sind nun auch, solange unsere Erde als abgekühlter Himmelskörper existiert, außer=

ordentlich häufig und zu allen Zeiten vorgekommen und finden noch heute statt. Die geologische Erforschung der Erdrinde zeigt uns, wie das Meer überall vor Urzeiten hier einen gewaltigen Einbruch unternommen und die Zeichen seiner Überflutung zurückgelassen hat, während dort durch seinen Abzug festes Land entstand, wo ehedem ein Tummelplatz von Milliarden von Meeresbewohnern war. Terrassenbildungen und Strandlinien besonders an den Küsten höherer Breiten zeigen uns, daß sich dort das Land gehoben hat und heute wohl noch in Hebung begriffen ist. In den Äquatorialgegenden scheint dagegen das Land eine Neigung zur Senkung zu zeigen; man kennt dort zahlreiche Flüsse, deren Betten sich von der Mündung aus noch weit ins Meer hinaus verfolgen lassen und ehemals durch trockenes Land flossen, wie das des Indus, Ganges und Kongo. Durch diese säkularen Schwankungen ändert sich natürlich nicht nur das Verhältnis der Verteilung von Wasser und Land; sondern auch die Tiefen des Meeres erfahren Veränderungen.

Aber auch heute, wo wir das Meer nur als solches betrachten, wie es uns kurzsichtigen Menschen erscheint, findet vor unseren Augen eine derartige Veränderung der Wasserbedeckung statt. Überall nagt die Brandungswelle an dem Rande der Festlandsockel, sie reißt und bröckelt im Laufe der Zeiten ungezählte Lasten von Gestein ab, die zu Geröll und Sand zermahlen und von den Strömungen oft weit fortgetragen werden; Vulkane werfen ihre Auswurfsmassen ins Meer, die Flüsse führen ihre im Lande gesammelten Sinkstoffe ihm in großen Mengen zu und erhöhen seinen Boden, und an seiner Aufschüttung beteiligen sich Heere von Milliarden kleiner Meeresorganismen, deren winzige Kalk- oder Kieselskelette nach dem Absterben zu Boden sinken und den Meeresgrund weit bedecken. Doch selbst wenn man diese rastlos wirkenden Kräfte ganz außer acht lassen wollte, würden sich noch Schwierigkeiten genug finden, wenn es jemand unternehmen wollte, die Wassermassen der Meere genau festzustellen. Man sollte doch denken, daß das Wasser über der ganzen Erdkugel so verteilt wäre, daß jeder Punkt der Meeresoberfläche gleich weit vom Erdmittelpunkt entfernt ist. Wenn wir aber ein Glas Wasser auf den Tisch setzen, so sehen wir, daß die Oberfläche der Flüssigkeit nicht eben ist, sondern am Rande in die Höhe steigt. Ähnlich ist es auch auf den Weltmeeren. Unser Sprachgebrauch sagt, daß der Schiffer „auf das Meer hinauf" fährt; in Wirklichkeit aber fährt er „hinab", denn besonders dort, wo hohe Randgebirge an die Küste herantreten, üben diese und das hinter ihnen liegende Land eine Anziehung auf das Wasser derart aus, daß dessen Oberfläche am Strande weiter vom Erdmittelpunkt entfernt ist als auf hoher See. Folgende Skizze (Abb. 3) er-

läutert diese Verhältnisse, die natürlich stark übertrieben dargestellt wer=
den mußten. Immerhin können diese durch die sogenannte Kontinentalwelle
entstehenden Niveauunterschiede recht beträchtlich sein, dürften aber 200 m
nie übersteigen; frühere höhere Angaben beruhen auf ungenauen Be=
obachtungen und Berechnnngen, die zum Teil darauf zurückzuführen
sind, daß die Landmassen nicht überall 2,8 mal schwerer sind als das

Abb. 3. Anziehung des Meerwassers durch die Festlandmassen.

Wasser, son=
dern innere
Hohlräume
besitzen, die die
Anziehungs=
kraft vermin=
dern. Auch die
Gezeiten,
Ebbe und
Flut, wirken

auf die Gestaltung der Meeresfläche ein. Wir werden noch später Gelegen=
heit haben, auf diesen Punkt näher einzugehen. Von Einfluß auf das
Meeresniveau ist auch das Vorherrschen von bestimmten Windrichtungen,
die das Wasser vor sich aufstauen. Darauf ist auch wohl der Umstand zu=
rückzuführen, daß der Spiegel der Ostsee bei Memel zirka $\frac{1}{2}$ m höher steht
als an der Küste von Jütland. Starke Verdunstung hat in fast abgeschlos=
senen Meeresteilen, z. B. im Roten Meere, eine Senkung des Wasser=
spiegels zur Folge, zumal wenn größere Flüsse fehlen oder die Verbin=
dung mit dem offenen Ozean so schmal ist, daß der Ausgleich nur langsam
sich vollziehen kann; starke Niederschlagsmengen erhöhen umgekehrt den
Wasserstand solcher Meeresteile. Auch unterseeische Wasserausbrüche
und Quellen vermögen, wie J. Fischer in seiner Arbeit über die Wechsel=
wirkung von Meer und Binnengewässern nachgewiesen hat, gelegentlich
den Wasserstand der Binnenmeere zu verändern. Von sehr geringem
Einfluß ist endlich auch der auf dem Wasser lastende Luftdruck; man
hat berechnet, daß theoretisch dem Steigen des Barometers um 1 mm
eine Erniedrigung des Meeresspiegels um 13,6 mm entspricht.

III. Abschnitt.

Die Oberflächenform des Meeresbodens und die Ablagerungen der Tiefsee.

Den zahlreichen Lotungen, die in den letzten Jahrzehnten ausgeführt
worden sind, verdanken wir es, daß wir uns heute ein einigermaßen

richtiges Bild von der Gestaltung des Meeresbodens machen können. Den Grund zu dieser Erforschung des Bodenreliefs legte vor ungefähr 60 Jahren der amerikanische Ozeanograph M. F. Maury, der veranlaßte, daß die von den Schiffern geführten Logbücher an die Seewarten abgeliefert wurden, wo das auf zahlreichen Seefahrten gesammelte Material wissenschaftlich verarbeitet werden sollte. Seit dieser Zeit wissen wir, daß die ungeheuren Meeresbecken nicht einfache Mulden sind, sondern daß die zahlreichen Furchen und Rillen, die sich bei den Schrumpfungsvorgang der erkaltenden Erde bildeten und unsere heutigen Gebirge entstehen ließen, sich, wie zu erwarten war, auch auf dem Meeresboden wiederfinden. Im allgemeinen bietet die Fläche der Meeresgründe ein Bild großer Einförmigkeit. Die ungeheure Länge der Zeit hat mit den ununterbrochen sich absetzenden Sinkstoffen viele schroffe Übergänge wie mit einem Leichentuch überdeckt. Dazu kommt ferner, daß auf dem Meeresboden fast alle die Kräfte fehlen, die unsere Festlandsmassen in jeder Minute und Sekunde verändern. An ihnen nagen Hitze und Frost; Regen, Schnee und Hagel bröckeln und lösen beständig kleine Teilchen von der festen Erdrinde ab, Lawinen, Gletscher, Flüsse und Bäche vollenden das Zerstörungswerk, führen hier die Trümmer fort und tragen sie dort an. Besteht so auf dem Festlande das Bestreben, das Bestehende zu vernichten, so auf dem Meeresboden das des Aufbauens, des Auf- und Ausfüllens. Im tiefsten Schoße der See ist ewige Ruhe. Die Wellen des wütendsten Sturmes, die ein stolzes Schiff mit Leichtigkeit zertrümmern können, verlieren schon in geringer Tiefe ihren Einfluß. Große Niveauunterschiede finden wir also auf dem Meeresboden vor allem nahe den Küsten oder dort, wo vulkanische Erhebungen stattgefunden oder die Korallen ihre Bauten errichtet haben; sonst aber herrscht dort im allgemeinen eine ermüdende Gleichförmigkeit in der Bodengestaltung. Aber das gilt doch nur ganz im allgemeinen. So viele Tiefenlotungen bislang auch schon ausgeführt sind, so sind es doch nur herzlich wenige in Anbetracht des großen Raumes, auf den sie verteilt sind. Wie vermöchten wir vergleichsweise durch einige wenige Lotungen aus dem Luftballon ein Bild von der Oberflächengestaltung der Schweiz gewinnen? Je mehr die Lotungen sich häufen, desto mehr Überraschungen bieten sich und zeigen, daß auch mitten in den Weltenmeeren, vor allem längs der alten, heute von der See bedeckten Urgebirge, Steilränder und scheinbar unvermittelte tiefe Senkungen vorhanden sind So befinden sich im Golf von Aden zwischen Höhen des Seebodens von nur 800—900 m Meerestiefe plötzlich Senkungen von 4800—5000 m Tiefe.

Von allen Meeresbecken kennen wir das des Atlantischen Ozeans,

der am meisten als Seeweg dient und die größte Anzahl von Kabel=
leitungen in seinen Tiefen beherbergt, naturgemäß am besten. Noch
immer ist das Problem der Atlantis, nach dem der Boden dieses Welt=
meeres einen versunkenen Erdteil darstelle, ungelöst. Ein mächtiger
Höhenrücken von der Gestalt eines lateinischen S durchzieht diesen Ozean
in seiner ganzen Länge von Norden nach Süden; er gibt in seinem Ver=
laufe also ungefähr die Richtung der beiden Küsten der Alten und der
Neuen Welt wieder. Nur wenige Stellen dieser atlantischen Schwelle
ragen aus dem Wasser empor, das sind die Inseln des Azorenplateaus,
die Felsen von St. Paul, Aszension und Tristan da Cunha. Man hat
dieser atlantischen Bodenschwelle verschiedene Namen gegeben; es scheint
aber, daß sie eine einheitliche Erhebung mit einer mittleren Tiefe von
weniger als 3000 m ist, die an der St. Paulsklippe am schmalsten ist
und sich nach Norden und Süden zu einem breiten Rücken entwickelt.
Durch diese Schwelle wird der Grund unseres Ozeans in eine ostatlan=
tische und eine westatlantische Rinne geteilt, von denen die letztere die
tiefere ist; im nordamerikanischen Becken haben wir in der Virginentiefe
eine Senkung von 8340 m, im brasilianischen Becken eine solche von
über 6000 m. In ersterem sind teilweise große Gegensätze in der Tiefe vor=
handen; so bilden die Kleinen Antillen die höchsten Spitzen eines untersee=
ischen Gebirgszuges, der durchschnittlich 500—1000 m tief liegt, an der
Innenseite 2000—4000 m abfällt, an der Außenseite sich aber gar zu
Tiefen von 6000—8000 m senkt. Auch in der ostatlantischen Mulde
können wir zwei flache Becken unterscheiden, das nordafrikanische mit
6300 m Tiefe westlich von Ferro und das westafrikanische. Bemerkens=
wert ist, daß von der atlantischen Schwelle im Süden zwei Ausläufer
ausgehen, der eine, der sich nach Afrika hinzieht, ist der Walfischrücken,
der andere auf Brasilien hinweisende der Rio=Grande=Rücken. Sie spielen,
besonders der erstere, im südatlantischen Ozean eine wichtige Rolle, und
wir werden sie bei Betrachtung der Wärmeverhältnisse und der Ver=
breitung der Tierwelt noch erwähnen müssen.

Weniger bekannt ist das Bodenrelief des Großen Ozeans. Seine
Küsten unterscheiden sich in einer Beziehung wesentlich von denen des
Atlantischen Ozeans; sie sind nämlich umsäumt von einer Reihe tieferer
Randbecken und einem dichten Kranze noch tätiger und erloschener Vul=
kane, die, wenn wir auf Neuseeland beginnen, sich über die Neuen He=
briden, die Salomon=Inseln und über die girlandenartig der ganzen
Westküste Asiens als Inseln vorgelagerten Festlandsreste erstrecken, im
Norden sich über die Aleuten fortsetzen und auf der Westküste von Mittel=
und Südamerika ihre größte Häufung erhalten. Da die vulkanische

Tätigkeit sich fast nur dort zu großer Mächtigkeit entfaltet hat, wo Bruch= stellen in unserer festen Erdrinde eine Verbindung zwischen Oberfläche und Erdinnerem ermöglichten, so könnte man das Becken des Großen Ozeans im allgemeinen als eine ungeheure Festlandsscholle auffassen, die abgesunken und dann vom Meere bedeckt worden ist. Die Übergänge in dieses Becken vom Festlande her sind zum Teil sehr schroff; den be= deutendsten Steilabfall finden wir längs den Kurilen und den nördlichen japanischen Inseln, wo der Boden im japanischen Graben sehr rasch eine Tiefe von 8500 m und mehr erhält, ferner im Aleutengraben (7383 m), sowie an der Küste von Mittel= und Südamerika, hier be= sonders im südlichen Teile, wo im Atacamagraben (7635 m) an der peruanisch=chilenischen Küste ein plötzlicher Übergang zu 7000 m Tiefe und mehr stattfindet. Ganz besonders reich gestaltet ist der Boden des Großen Ozeans in den dem australischen Festlande vorgelagerten Ge= bieten im Südwesten, wo die zahlreichen Inseln des Australmeeres schon im voraus eine reiche Gliederung des Bodens erraten lassen. Hier liegt der aus vier Becken sich zusammensetzende Tonga= und Kermandek= graben mit der schon erwähnten Tiefe von 9427 m, zwischen den Ma= rianen und den Karolinen der Karolinengraben mit der ebenfalls be= reits genannten Tiefe von 9636 m nahe der Insel Guam.

Eine ziemliche Gleichförmigkeit hinsichtlich des Bodenreliefs herrscht, soviel wir bis jetzt wissen, auch auf dem Grunde des Indischen Ozeans. Auch er tritt uns als ein großes Plateau entgegen, von dem durch die von Madagaskar nach Vorderindien streichenden Inselgruppen der Mas= carenenschwelle und des Chagosrückens ein kleinerer Teil abgetrennt wird. Die größten Senkungen finden sich im Süden, wo, wie die Deutsche Tiefsee=Expedition nachwies, Depressionen über 5500 m vorkommen, die größte Tiefe aber im Norden, am Steilabfall des javanischen In= selzuges, südlich von Lombok (6205 m). Abgesehen von den großen Randinseln beherbergt der Indische Ozean in seinem nördlichen Teile zahlreiche kleine Koralleninseln und einige vulkanischen Ursprungs (Ami= ranten und Seychellen). Über das Bodenrelief der beiden Polarmeere ist außer dem bereits Gesagten bis jetzt noch nichts Sicheres bekannt.

Wir erwähnten schon vorhin die Tatsache, daß an einigen Küsten= strichen der Übergang zwischen Festland und Meeresboden ein sehr steiler ist. Es kommt oft vor, daß die 1000 m=Linie der 200 m=Linie näher liegt als diese der Küste. Das ist aber nicht die Regel, denn meistens ist den Kontinenten und den Inseln ein flacher Meeresboden vorge= lagert, und erst dann geht dieser schnell zu größeren Tiefen über. Man rechnet diesen Saum bis zu der Linie, die alle Punkte von annähernd

200 m Tiefe verbindet, und nennt ihn deshalb die 200 m=Stufe. Stel=
lenweise reicht er aber nur bis zur Tiefe von 80 m, während man ihn
andererseits manchmal bis zur Tiefenlinie von 800 m verfolgen kann.
Diese auch wohl Kontinentalplateau oder Festlandsockel genannte
flache unterseeische Fortsetzung der Festländer ist eine sehr auffallende
Erscheinung. Wie ein Blick auf die Karte der Meerestiefen zeigt, ist
sie von sehr verschiedener Breite. Wo große Flüsse in Meere münden,
die von Strömungen wenig heimgesucht werden, wo also die aus dem
Lande mitgeführten Sinkstoffe ungehindert zu Boden fallen können,
kann die unterseeische Festlandstufe eine bedeutende Erhöhung und Fort=
setzung erhalten. Das ist z. B. der Fall bei dem Hoangho, dessen gelbe
Schwemmstoffe von Löß dem Meeresteil, in dem sie abgelagert wer=
den, bekanntlich die Bezeichnung des Gelben Meeres eingetragen haben.
Auch der Amazonenstrom führt ungeheure Massen von Schwemmstoffen
dem Meere zu, wie man ausgerechnet hat, in jeder Stunde 80 000 cbm.
Wo in der Nähe der Flußmündungen Strömungen vorhanden sind,
da führen diese die Sinkstoffe mit sich und lassen sie zu Boden fallen,
sobald durch irgendeinen Umstand ihr Lauf verzögert wird. An vielen
anderen Küstenstrichen, wo wir eine sehr breite Festlandstufe vorfinden,
läßt sich aber deren Entstehung nicht so ohne weiteres erklären; wir
müssen annehmen, daß sie einfach der unter Wasser gesetzte Rand des
Festlandes ist, an dessen Erhöhung die einmündenden Flüsse immer=
hin einen mehr oder weniger großen Anteil gehabt haben mögen.

　　Wenn durch irgendeine große Revolution auf der Erdoberfläche
der Meeresspiegel sich um 200 m senken würde — und das wäre in
Anbetracht der im Vergleich zum Erddurchmesser so dünnen Wasser=
schicht nur eine sehr unbedeutende Veränderung —, so würde unsere
Erdkarte mit einem Schlage ein ganz anderes Bild bieten. Die Bri=
tischen Inseln hätten als Inseln aufgehört zu sein, ja der ganze Bo=
den der flachen Nordsee bis auf eine norwegische Rinne und der noch
flacheren Ostsee wäre trockengelegt. Der Ostrand Amerikas wäre im
Süden bei Patagonien und im Norden bei Neufundland weit hinaus=
geschoben, das amerikanische Mittelmeer wäre nur noch durch einige
wenige enge Straßen mit dem Ozean verbunden; im Nordosten hätte
der Kontinent durch die Trockenlegung der großen Bänke von Neufund=
land und Neuschottland erheblichen Zuwachs erhalten, und nur die
Westseite würde annähernd dasselbe Aussehen zeigen wie heute. Eine
breite Landbrücke, der Boden des heutigen Beringsmeeres, würde dann
Amerika mit dem asiatischen Kontinente verbinden, der noch dadurch
bedeutend vergrößert wäre, daß sein Festland im Norden sich bis unter

das ewige Polareis erstrecken und auch im Osten, besonders im Gelben und Südchinesischen Meere, viel Zuwachs an Land erhalten würde. Nur ein schmaler Meeresarm würde es von Australien trennen, das auch eine Verbindung mit den Inseln Tasmanien und Neuguinea erhalten haben würde. Am wenigsten würden die Umrisse der afrikanischen Festlandsscholle durch eine derartige Revolution verändert; nur ihre Spitze würde ein wenig nach Süden vorgeschoben werden. Derartige mächtige Umwälzungen in der Verteilung von Wasser und Land haben nun zu verschiedenen Malen das Antlitz der Erdoberfläche von Grund aus geändert und dabei die Gesteinsformationen geschaffen, die die geologische Wissenschaft heute unterscheidet. Bei solchen Umwälzungen bildeten sich die Einsturzbecken der Mittelmeere, sowohl des europäischen als auch des amerikanischen und des austral-asiatischen. Die jeder Vorstellung unsererseits spottenden gewaltigen Kräfte ruhen aber auch heute noch nicht; sie geben uns bei Erdbeben durch drohendes Murren ihre Unzufriedenheit mit den heutigen Verhältnissen auf der Erdoberfläche zu erkennen und zeigen uns insbesondere durch ihre Ausfalltore, die Vulkane, daß ihre Macht nicht gebrochen ist, sondern nur schlummert. Es bestehen nun offenbar innige Beziehungen zwischen den Erscheinungen des Vulkanismus und den Weltmeeren. Wir wissen bereits aus dem früher Gesagten, daß Vulkane sich vornehmlich an den heutigen oder ehemaligen Festlandsrändern, z. B. auf den Inselreihen Ostasiens, bildeten, also auf den großen Bruchlinien der festen Erdrinde, offenbar, weil dort dem Ausbruche des flüssigen Erdinnern am wenigsten Widerstand geboten wurde. Diesen in Reihen angeordneten Vulkanen stehen die Gruppenvulkane gegenüber, die, mehr im Innern der Ozeane entstanden, sich dem Auge heute als mehr oder weniger zusammenhängende Haufen von vulkanischen Inseln darbieten und meist als steile Berge vom Meeresboden aufsteigen. Auch sie fallen allmählich der Zerstörung durch Wind und Wetter, durch die Brandungs- und Gezeitenwelle zum Opfer. Aber nicht alle diese Vulkane werden so hoch sein, daß sie sich als Inseln über den Meeresspiegel erheben; es liegt kein genügender Grund gegen die Annahme vor, daß auf dem Meeresboden eine mindestens ebenso große Anzahl von Vulkanen verborgen liegt und nach der Entdeckung harrt. Allerdings ist unsere Kenntnis von vielen Teilen des Meerbodens besonders im Gebiete des Großen Ozeans, trotz der zahlreichen Lotungen, noch eine ziemlich mangelhafte. Daß solche Bildung vulkanischer Inseln auch noch zu unserer Zeit vor sich geht, dafür ist ein treffendes Beispiel die rätselhafte Insel Ferdinandea im Mittelmeer. Sie entstand im Jahre

1831 zwischen Sizilien und der Insel Pantellaria durch vulkanische
Tätigkeit; ihr aus losen Auswurfsmassen bestehender Grund wurde
allerdings noch in demselben Jahre ein Opfer der Zerstörungswut der
Wellen. Ebenso sind derartige Inseln, unter dem Auge der Menschen
entstanden und wieder geschwunden, von den Azoren (1811), von der
Insel Santorin (zuletzt 1866), von der isländischen Küste und neuerdings vom Meerbusen von Bengalen und zwischen Trinidad und der
Küste von Venezuela bekannt; im Jahre 1894 ist im Kaspischen Meere
ein unterseeischer Vulkan aufgefunden worden, der dicke Schlamm-
massen auswarf, und noch 1905 ist Japan durch das plötzliche Entstehen einer kleinen Insel vulkanischen Ursprungs bereichert worden.
Weitere Untersuchungen werden jedenfalls feststellen, daß derartige, wenn
auch bedeutend kleinere vulkanische Erhebungen aus dem Meeresgrund
keine Seltenheiten sind. Wie E. Rudolph vor wenigen Jahren durch
die Bearbeitung einer großen Anzahl von Schiffsberichten nachgewiesen hat, sind manche Gegenden des Meeresgrundes ganz besonders vulkanischen Einflüssen, d. h. unterseeischen Beben und Ausbrüchen ausgesetzt. Das ist nicht so sehr merkwürdig, wenn man bedenkt, daß ja
auch auf dem Festlande die Vulkane sich an ganz besonderen Stellen
häufen. Ein solches Gebiet stellt nach Rudolph die äquatoriale Zone
des Atlantischen Ozeans dar; ein anderes ist zwischen Neuguinea und
den Fidschiinseln gelegen. Dagegen sind andere große ozeanische Gebiete geradezu als erdbebenfrei zu bezeichnen. Jedenfalls war es ein
Verdienst W. Krebs', als er auf der 75. Naturforscherversammlung
1903 in Kassel darauf hinwies, wie wenig wir über die Beziehungen
des Meeres zum Vulkanismus wissen, und wie notwendig eine plan-
mäßige Durchforschung dieser Verhältnisse sei.
      Die Frage nach dem Einfluß des Vulkanismus auf die Bodenge-
stalt der Ozeane hängt mit einer anderen wissenschaftlichen Streitfrage
zusammen, die auch heute noch nicht als völlig gelöst angesehen werden kann, die Frage nach der Entstehung der Koralleninseln. Diese
steinernen Riesenbauten, hervorgebracht durch das einträchtige Zusammenleben und -wirken unzähliger winziger Tierchen, erheben sich steil
ansteigend von dem Meeresgrunde oft aus beträchtlicher Tiefe bis an
den Meeresspiegel. Wiederholt sind räumlich nahe beieinander liegende
Tiefenunterschiede von 3000—4000 m in Korallengebieten beobachtet worden. Wenn der Meeresspiegel fast erreicht ist, arbeitet Wind,
Welle und Wetter an der Zerstörung der Gipfel, und Anschwem-
mungen schaffen so eine Humusdecke für eine mehr oder weniger reiche
Vegetation. Die Korallen gehören bekanntlich zu den Hohltieren oder

Cölenteraten; ihr strahlig gebauter, sackförmiger Körper, dessen Wand innen gefaltet erscheint, trägt um den Mund sechs bis acht feine Arme, mit deren Hilfe die Tiere ihre Nahrung herbeiholen. Blumentiere nannte man sie wohl, als ihre tierische Natur allgemeine Anerkennung gefunden hatte. Die Korallenstöcke bilden das Buschwerk des Meeresbodens besonders an den Küsten. Starr strecken sie ihre bräunlich bis rötlich leuchtenden Äste und ihre schirmförmigen Kronen nach allen Seiten aus, ein Schirm steht neben und über dem anderen, so daß das Ganze terrassenförmig ansteigt und die Gesamtmasse der Kalkbauten selbst der wilden Brandung einen unbesiegbaren Wall entgegenstellt. Am bekanntesten von diesen tierischen Baumeistern ist wohl die Edelkoralle (Corallium rubrum) des Mittelmeeres und der Nordwestküste Afrikas (Abb. 4), deren rotes Kalkgerüst aus Tiefen bis zu 200 m heraufgeholt und nach Entfernung der dünnen Fleischschicht hauptsächlich in Livorno, Neapel und Genua zu allerlei Schmuckgegenständen verarbeitet wird. Sie bildet aber nur kleine Stöcke mit vergleichsweise wenigen Einzeltieren. Ungleich massigere Bauten

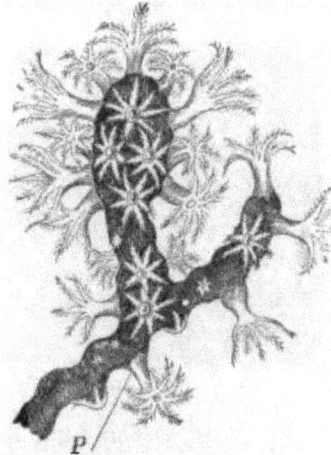

Abb. 4. Edelkoralle.
(Nach Lacaze-Duthiers aus Claus.)

von baum-, schirm- oder kugelförmiger Gestalt stellen die riffbildenden Korallen her. Vor allem gehören dahin die Löcherkorallen oder Madreporarien (Porites, Madrepora [Abb. 5], Turbinaria u. a.), ferner die massigen, tiefer lebenden Sternkorallen oder Astraeen und die großen, meist einzeln lebenden Fungien. Daneben wirken bei diesen Bauten, die, was Größe und Masse anlangt, alle menschlichen Bauten weit hinter sich lassen, auch noch Alchonarien (Heliopora) und Polypen (Millepora), sowie von pflanzlichen Gebilden die Kalkalgen (Lithothamnium) mit, von der die Siboga-Expedition im Indischen Ozean ganze Riffe vorfand; da sie bis 90% Kalk aufnehmen können, ist die Teilnahme dieser Algen am Aufbau des Meeresgrundes also durchaus nicht gering. Die zarten und mannigfaltigen Farben der Korallen rufen den Eindruck unterseeischer Gärten oder Blumenwiesen hervor. Johannes Walther, dessen „Meereskunde" wir die nebenstehende Skizze (Abb. 6) entnehmen, ein genauer Kenner der Korallen und ihrer submarinen Bauten, gibt von diesen Gärten folgende Schilderung: „Von dem kleinen Orte

Tor (an der Küste der Sinaihalbinsel) haben wir nur wenige Schritte
bis zum Meer. Ein smaragdgrüner Saum von 300 m Breite zieht
sich längs des Ufers hin, es ist das Korallenriff, das an dem dunklen
Blau des tieferen Wassers scharf abschneidet. Rasch wandern wir durch
das fußtiefe Wasser dem Riff zu, und indem die Tiefe zunimmt, stellen
sich auch, mitten im weißen Sande, die ersten Korallenstöcke ein. Es
ist die Gattung Stylophora, die Griffelkoralle, deren fußhohe Stöcke
aus rotgelben, fingerdicken Ästen bestehen. Noch sind die Korallen sehr
vereinzelt,
und zwi=
schen ihnen
auf dem
Sande be=
merken wir
Tausende
von
schwarzen
Seeigeln,
deren Sta=
cheln leicht
in unseren

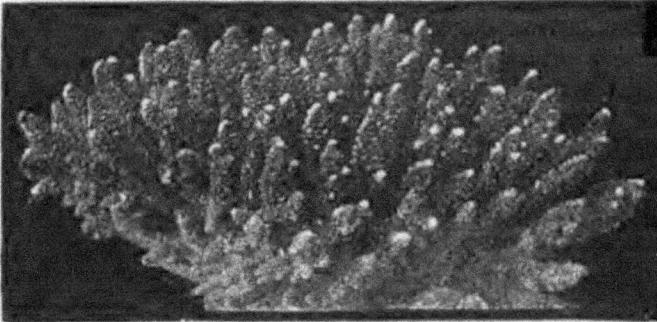

Abb. 5. Riffbildende Koralle (Madrepora). (Nach Klunzinger.)

Fuß dringen, weshalb wir langsam und vorsichtig weiterschreiten. Das
Wasser wird metertief, und die Korallenstöcke werden zahlreicher und
mannigfaltiger. Hier sehen wir die olivenbraunen Schirme der Madrepora
(Abb. 5), dort die klumpenförmige braune, mit spangrünen Streifen ver=
sehene Kolonie einer Coeloria. Und während die Stylophora immer sel=
tener wird, nehmen die Madrepora mehr an Zahl und Größe zu, bis wir
endlich in einem bunten Korallengarten stehen. Wie in einem eng=
lischen Park zwischen blühenden Buschgruppen und buntfarbigen Blu=
menbeeten sich sandbedeckte Wege verschlingen, die sich bald zwischen
hohen Büschen verschmälern, bald zu kiesbedeckten Plätzen erweitern
oder in eine schattige Grotte münden, so verhalten sich die sandbedeck=
ten Riffgebiete zu den bunten Korallenkolonien. In den inneren, der
Küste nahen Riffteilen wandelt man zwischen flachen Korallenbeeten
in 1 m tiefem Wasser umher; nach außen zu, da wo das Riff mit
steiler Kante gegen das tiefere Meer abstürzt, werden die Korallenkolo=
nien zu 2 bis 3 m hohen Gruppen, und der Sand nimmt engere Räume
ein." Zu dem Gedeihen der Korallen ist eine gewisse Wasserwärme
nötig; deshalb kommen sie nur dort vor, wo diese nicht unter 20°
sinkt. Der 25. Breitengrad ungefähr bildet im Norden und Süden des

Abb. 6. Ein Korallenriff im Roten Meer. (Aus Walther.)

Äquators die Grenze ihres Verbreitungsgebietes; nur da, wo warme Oberflächenströme die Temperatur des Wassers erhöhen, wie im Osten des amerikanischen und asiatischen Festlandes, verschiebt sich diese Grenze polwärts, während wegen der kalten Wasser des Peru- und Benguela= stromes im Westen von Südamerika und Afrika die Riffkorallen ganz fehlen. Am großartigsten treten von ihnen gebaute Inseln im Indi= schen und Großen Ozean und an den Westindischen Inseln des Atlantik auf. Die Tiere lieben klares, bewegtes Wasser, das ihnen frische Atem= luft und Nahrung zuführt, und leben in einer Tiefe bis zu 40 m. In der Tiefsee kommen zwar auch Korallen vor, aber sie sind entwe= der Einzeltiere oder bilden meist nur kleine Stöcke. Fungia symme= trica wurde vom „Challenger" aus einer Tiefe von über 3200 m her= aufgeholt, aber auch große riffartige Stöcke bildende Korallen kommen, wie die Valdivia=Expedition zeigte, noch in 3000 m Tiefe vor.

Wir können die Werke der Riffkorallen in Küstenbauten und Hoch= seebauten einteilen, erstere wieder nach Darwins Vorschlag in Saum= und Dammriffe. Ihre Bildung geht im Vergleich mit der der Tief= seeablagerungen in viel kürzerer Zeit vor sich; ein im Indischen Ozean versenktes Kabel hatte sich in wenigen Jahren mit einer zwei Fuß hohen Schicht von Korallenkalk bedeckt. Betrachten wir zunächst die Küstenbauten, so erheben sich die Saumriffe nahe dem Strande und wachsen vom Grunde bis in die Nähe des Meeresspiegels. Der= artige Saumriffe finden sich besonders ausgebildet an den Küsten des Roten Meeres, wo die Kalkmassen von Porites solida u. a. zum Häu= serbau Verwendung finden, ferner bei Ceylon, Florida und den Niko= baren. Wo Flüsse ihr Süßwasser ins Meer senden, finden sich Lücken, da die Korallen sich dort nicht ansiedeln. Die Damm= oder Wallriffe haben zwischen sich und der Küste eine breitere Wasserstraße, die an dem großen, fast 2000 km langen Wallriffe an der Nordküste Au= straliens stellenweise 75 bis 90 km breit ist. Sie erheben sich 3 bis 4 m über das Meer, tragen dort, wo die Flut eine Humusschicht ge= schaffen hat, oft reichen Pflanzenwuchs und sind dann auch bewohnt. Die Lücken in den meist steil aus dem Meere aufsteigenden Wallriffen bilden oft den Zugang zu schützenden Häfen. Solche künstlichen Damm= bauten ähnliche Riffe von oft ansehnlicher Ausdehnung weisen vor= nehmlich die Karolinen (750 km lang), die Viti=Inseln (30 km breit), die Gesellschafts=Inseln u. a. auf.

Die Ringinseln oder Atolle (der Name stammt von den Male= diven) sind Hochseebauten. Sie sind steil aus dem Meere aufsteigende Inseln von mehr oder weniger kreisförmiger Gestalt und einer Ring=

breite von 1000 bis 1300 m. Im Innern findet die Senkung allmählich statt und geht in eine Lagune über. Meist ragen nur kleine Teile des Ringes aus der Flut empor; sie sind zuweilen an der Wetterseite mit einer mäßigen Bodenschicht bedeckt und dann auch öfters bewohnt. Von den Atollen weist der Stille Ozean etwa 300 auf, von denen allein 70 bis 80 auf den Paumotu-Archipel kommen; die größten sind die Malediven und Lakkadiven im Indischen Ozean. — Die Frage nach der Entstehung der Atolle ist auch heute noch nicht gelöst. Während man früher annahm, daß diese Korallenwerke von oft mehr als 1000 m Mächtigkeit vom Meeresgrunde aus allmählich bis zur Oberfläche erbaut seien, wissen wir heute, daß die Tiere nur in geringer Tiefe zu leben vermögen. Die erste und bald darauf ganz allgemein angenommene Erklärung ihrer Entstehung gab Darwin, der im Jahre 1837 auf seiner Weltumsegelung mit Fitzroy die Kokos-Inseln im Südwesten der Sundastraße untersucht hatte. Die ringförmige Gestalt der Atolle führte ihn zu der Annahme, daß jedes ehemals ein Küstenriff gewesen sei, das eine Insel umgeben habe. Im Laufe der Zeiten hätten der Meeresboden und mit ihm die Inselberge sich allmählich gesenkt, und dieser Senkung hätten die Korallen Schritt für Schritt nachgearbeitet, bis die Insel unter dem Wasserspiegel verschwunden und an ihre Stelle eine Lagune getreten sei. Jedes Atoll ist also nach Darwin das Denkmal einer entschwundenen Insel. James Dana schloß sich Darwin an und erweiterte diese Theorie noch. Aber es stellten sich doch allmählich Zweifel ein. Der Wiener Geologe Sueß behauptete gerade das Gegenteil: nicht der Grund des Meeres habe sich gesenkt, sondern sein Spiegel habe sich gehoben; ein Landsmann Darwins, Guppy, und ebenso Al. Agassiz konnte geradezu eine Hebung des Bodens in der Inselgruppe der Paumotu, Viti, Gilbert und Ladronen nachweisen, und Semper sogar das gleichzeitige Vorkommen aller drei Entstehungsarten im Palau-Archipel feststellen. Im Gegensatz zu Darwin und den Anhängern seiner Theorie verwarf Murray (und vor ihm Chamisso) jede Hebung oder Senkung des Bodens; unterseeische Gipfel und vor allem Vulkane haben auch nach ihm die Grundlagen für die Siedelungen der Korallentiere abgegeben, aber erst nachdem ein Regen von Foraminiferenschalen und anderen Planktonresten ihren Gipfel so weit erhöht hatte, daß die Korallen ihre Tätigkeit in dem nunmehr seichten Wasser beginnen konnten. Von den Lagunen nahm er an, daß sie später durch Auflösung entstanden seien. Auch Krämer meint, daß unterseeische Vulkane, in ihrer Form durch Meeresströmungen verändert, den Untergrund der meisten Atolle bilden. An-

dere neue Untersucher, wie Gerland und Dahl, geben darin, daß die
Inseln sich gesenkt haben, teilweise wieder Darwin recht, allerdings
nicht ganz in demselben Sinne. Hatte letzterer angenommen, daß der
ganze Meeresboden eine solche Senkung erfahren habe, so behauptet
Gerland, daß nur die Inseln davon betroffen seien. Jedes Atoll befindet sich nach letzterem Beobachter auf einem Vulkan, der bei seinen
Ausbrüchen seinen Gipfel erniedrigt oder erhöht hat. Es kann bei ganz
benachbarten Kratern vorkommen, daß der eine sich hebt, der andere
sich senkt, wie Gerland an der Paumotu=Gruppe nachweisen konnte.
Nach den Untersuchungen von Voeltzkow (1903—1905) besteht der
Untergrund der von ihm untersuchten Koralleninseln im westlichen Indischen Ozean nicht aus vulkanischem Gestein, sondern aus zoogenem,
aus massivem Kalk, auf dem sich erst später beim Rückgang des Meeres
die Korallen ansiedelten. — Jedenfalls sprechen bei der Entstehung
der Atolle eine ganze Reihe und zum Teil sehr verschiedene Faktoren
mit, deren Zusammenfassung und Scheidung späteren Untersuchungen
überlassen bleibt. Darwin selbst sprach einmal den Wunsch aus, daß
irgendein reicher Mann sich finden möchte, der auf einer Korallen=
insel Bohrungen ausführen ließe. Dieser Wunsch ist von der Royal
Society in London erfüllt, und es sind (1893—1896) Expeditionen
nach Funafuti, einer der Laguneninseln der Südsee (9° südl. Br., 179°
westl. L.), gesandt worden, die dort im Korallenkalk Bohrungen anstellen und endlich eine Antwort auf die Frage geben sollten, ob die
Atolle auf Vulkanen aufgebaut sind, oder ob auch unter der Tiefenlinie, bis zu der die Korallen zu leben vermögen, Korallenkalk ange=
troffen wird, und wie tief er reicht. Die Arbeiten, die anfangs mit
manchem Mißgeschick zu kämpfen hatten, sind bis 340 m Tiefe fort=
geführt worden, ohne daß man etwas anderes als Korallen= und Al=
genkalk fand, so daß jedenfalls für die Laguneninseln die Hypothese
Darwins recht zu behalten scheint.

Durch die zahlreichen Grundproben, die seit der Reise des „Chal=
lenger" aus den Tiefen der Ozeane an das Tageslicht gebracht worden sind, sind wir heute in den Stand gesetzt, uns auch über die Zu=
sammensetzung der Bodendecke ein im allgemeinen richtiges Bild zu
machen. Nicht nur bei Gelegenheit der Lotungen bringt der Peilstock
eine Probe des von ihm berührten Bodens herauf, sondern auch die
Schleppnetze enthalten von ihm sehr oft mehr als erwünscht ist. Die
Erforschung des Meerbodens stößt natürlich auf weit größere Schwie=
rigkeiten als die der Festlande; der „submarine" Geologe kann nicht
mit seinem Hammer arbeiten, er muß sich allein auf die Oberflächen=

schicht des Bodens beschränken und ist, da auch sein Auge nicht in die finsteren Tiefen zu dringen vermag, in bezug auf die Ausbreitung einer Bodenart lediglich auf den Vergleich einer möglichst großen Anzahl von Grundproben angewiesen. Auf ganz dieselben Schwierigkeiten würde vergleichsweise jemand stoßen, der es unternähme, von einem in der Höhe des Montblanc-Gipfels schwebenden Luftballon aus durch Herabsenken von Netzen und anderen Apparaten die Zusammensetzung des festländischen Bodens zu untersuchen. So ist es nicht wunderbar, daß unsere Kenntnis von der Natur des Meeresbodens noch große Lücken aufweist und noch viele ungelöste Fragen in sich birgt. Immerhin sind uns aber heute gewisse Bodenbezirke in dieser Hinsicht genauer bekannt als manche schwer zugänglichen Gebiete auf dem Festlande. Überall finden wir in den Grundproben die Reste der Tiere und Pflanzen, die in den Oberflächenschichten lebten, nach dem Tode hinabsanken und dort ihr Grab fanden. Wo ihre Leiber noch nicht völlig zersetzt sind, liefert der mit ihnen gedüngte Boden eine vorzügliche Futterstelle für allerlei Muscheltiere und andere Grundbewohner, die von der in ihm aufgehäuften organischen Nahrung leben und ihr folgen, wenn sie durch Strömungen weggetragen wird. Die Wanderungen mancher Grundbewohner mögen so ihre Erklärung finden.

Die Untersuchung des Bodens selbst erfolgt mit eigens für diesen Zweck gebauten Werkzeugen, die an den Lotdraht befestigt werden; entweder sind es längere oder kürzere Röhren, die in der Höhlung des Lotbleis herabgelassen werden und armtief in den Boden eindringen können, oder eigenartig gestaltete Schöpflöffel, um deren Bau besonders der Fürst von Monaco sich verdient gemacht hat.

Die Ablagerungen auf dem Meeresboden kann man nach Murray in fünf Arten einteilen, die man als Küstenablagerungen, Globigerinenschlamm, Diatomeenschlamm, Radiolarienschlamm und verschieden gefärbte Tone unterscheidet. Dazu kommen noch als mehr lokale Sedimente vulkanische Aschen und Lavabrocken, Korallensand und der Küstenschlamm an der Kongomündung und an der brasilianischen Küste, letzterer gebildet durch die Lateritmassen, die die Flüsse dem Innern des Landes entführen. Was zunächst die Küstenablagerungen anbetrifft, so haben die Untersuchungen gezeigt, daß der Meeresboden höchstens in der Nähe von Steilküsten, wo die Brandungswelle wütet, von festem anstehendem Gestein gebildet wird. Sonst setzt sich der Seeboden in der Nähe der Küsten meist aus den Trümmern des festen Landes zusammen, die die Flut oder die Brandung losgerissen hat, oder aus den Schwemm- und Geröllmassen, die von den Flüssen aus dem Innern

des Landes mitgeführt wurden und sich an deren Mündung zu Boden
setzten. Nicht immer aber fallen sie schon dort nieder, sondern manch=
mal kann dieser terrestrische Detritus durch Strömungen weit fortge=
führt werden, wie bei den Sinkstoffen des Orinoko und Amazonas,
die von der Süd=Passat=Trift mitgerissen werden. So setzt sich dieser
Schlick aus den Trümmern aller der verschiedenen Gesteine zusammen,
die die Festländer aufweisen, untermischt mit den Skelettresten zahl=
reicher Tiere der Küstenfauna. Ein Produkt dieser Gesteinstrümmer
ist ein Schlamm, der seiner Farbe wegen blauer Sand oder Tonschlamm
genannt wird, eine weiche Masse, die an der Luft bald braun wird. —
Je mehr wir uns von der Küste entfernen und uns den Mitten der
Ozeane nähern, desto anders gestaltet sich die Zusammensetzung des
Meeresbodens; nicht mehr der Schutt der Landmassen ist es, der ihn
bildet, sondern häufig besteht er, zuweilen gemischt mit den Schalen
von Flügel= und Kielschnecken (Pteropodenschlamm), aus einem feinen
Sediment, über dessen Zusammensetzung uns nur das Mikroskop Auf=
schluß geben kann. Wenn wir mit letzterem Bodenproben aus den wär=
meren Teilen des Atlantischen Ozeans untersuchen, so finden wir, daß
der dort allgemein verbreitete gelbbraune, klebrige Schlamm, der ge=
trocknet weiß ist und deshalb wohl als Kreideschlamm bezeichnet wird,
aus den Resten von unzähligen, zum Teil sehr zierlichen Gehäusen ge=
bildet wird, die Schneckenhäusern oder Ammoniten ganz ähnlich sehen
und früher auch dafür gehalten wurden. Das sind die Schalen der Fora=
miniferen oder Kämmerlinge (Abb. 7), kleiner, nur aus einer einzigen
Zelle bestehender und deshalb zu den Protozoen oder Urtieren gehören=
der Wesen, die während ihres Lebens imstande sind, den im Meerwasser
gelösten kohlensauren Kalk in sich aufzunehmen und auf ihrer Ober=
fläche in Gestalt von Gehäusen, die mehr oder weniger zahlreiche Öff=
nungen und oft auch strahlig nach allen Seiten auseinandergehende
Stacheln tragen, auszuscheiden. Aus den Öffnungen werden die Schein=
füßchen, einfache fadenförmige Ausflüsse des schleimigen Körperinhalts,
mit denen diese Wesen ihre Nahrung ergreifen, ausgestreckt. Da eine
Form dieser Formaniferen, die Globigerinen, mit ihren Schalen den
weitaus größten Anteil an der Bildung dieses Bodenabsatzes hat, be=
zeichnet man ihn allgemein als Globigerinenschlamm. Die Zahl dieser
Kalkschalen spottet jeder Beschreibung. So fand Gümbel in 1 ccm des
Schlammes nach möglichst genauer Zählung 225000 Schalen dieser
Tiere oder Reste davon; sie sind vermischt mit Sand= und Mineral=
körnern, Kalk= und Kieselstäbchen anderer Tiere und winzigen Teilchen
kosmischen Staubes, und gelegentlich finden sich auch darunter zahl=

reiche Kokkolithen und Rhabdolithen, die zierlichen Kalkplättchen und
=stäbchen einzelliger Organismen aus der Klasse der Chrysomonadinen.
Der Globigerinenschlamm bedeckt nach ungefährer Schätzung ⅖ des
heutigen Meeresbodens und findet sich nach Murray erst 75 bis 100
km von der Küste entfernt, und zwar in Tiefen bis etwa 3500 m;
er bedeckt einen großen Teil des Atlantischen Ozeans, wo sein Gebiet
infolge des Golfstromes weiter nach Norden reicht als nach Süden.

In kälteren Meeren tritt an sei=
ne Stelle zuweilen der Biloeu=
linaschlamm, so zwischen Is=
land und Spitzbergen. Dieser
Kämmerling lebt, ebenso wie
andere Foraminiferen, die die
Valdivia auf der Agulhasbank
erbeutete, auf dem Meeresbo=
den, die Globigerina und ihre
Verwandten sind aber Bewoh=
ner des freien Wassers, in dem
sie sich mittels ihrer langen
Fortsätze schwebend erhalten;
sobald sie in kälteres Wasser
gelangen, sterben sie ab und sin=
ken ihre Schalen langsam zu
Boden. Ein ununterbrochener
Regen dieser Kalkschalen, wenn
dies Bild hier gebraucht werden

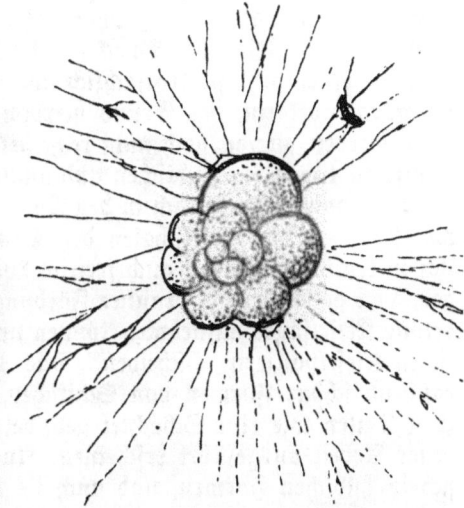

Abb. 7. Lebende Foraminiere (Rotalia)
mit ausgestreckten Scheinfüßchen.

darf, rieselt also auf den Meeresboden hernieder. Er ist eine einzige rie=
sige Begräbnisstätte; wie auf einem Friedhofe lagern hier die Skelette von
Freund und Feind dicht nebeneinander. Bei neueren Untersuchungen
der Bodenbedeckung des Atlantischen Ozeans hat sich gezeigt, daß stellen=
weise eine Schichtung des Globigerinenschlammes vorhanden ist, so daß
die oberen 2—7 cm reicher an den Schalen dieser Rhizopoden sind
als die darunter liegenden. Woher diese Schichtung der Sinkstoffe kommt,
die sich jedenfalls während langer Zeiträume vollzogen hat, wissen wir
nicht. Ähnliche Schichten noch auffallenderer Art hat auch die Deutsche
Südpolarexpedition festgestellt. Die Foraminiferen haben einen nicht
unbedeutenden Anteil an der Bildung unserer festen Erdrinde gehabt;
ganze Gebirge sind aus ihren Schalen aufgebaut. So sind die Kreide=
berge Rügens fast ganz von ihnen gebildet; die Schalen eines anderen
Kämmerlings, der Miliola, haben zumeist den Kalkboden des Seine=

beckens geschaffen und einem großen Teile von Paris die Bausteine
geliefert. Jahrtausendelang haben sich die Ablagerungen solcher Kalk=
schalen auf dem Boden der ehemaligen Meere angesammelt, der Druck
des Wassers und der darüber liegenden Schichten hat sie fest zusam=
mengepreßt und verkittet, und als bei einer späteren Störung der Erd=
rinde die Verteilung von Land und Wasser eine andere wurde, ver=
härtete sich die ganze Masse zu dem heutigen Gebilde. — In je grö=
ßere Meerestiefen wir hinabsteigen, desto mehr nehmen allmählich die
Foraminiferenschalen ab. Früher nahm man an, daß es der mit der
Tiefe und dem steigenden Druck zunehmende Kohlensäuregehalt sei, der
die Kalkschalen auflöse. Tatsächlich sind die tiefen Schichten des Meeres
auffallend kalkarm, der Grund hiervon ist uns aber, wie wir später
sehen werden, zurzeit noch nicht recht bekannt. An die Stelle der Fora=
miniferen treten im Indischen und auch in einigen Teilen des Stillen
Ozeans, sowie vornehmlich in den Polarmeeren in einer mittleren Tiefe
von 2700 m die Kieselschalen der Diatomeen. Dies sind bekannt=
lich mikroskopisch kleine, auch frei im Wasser schwebende, einzellige Al=
gen, von gelblicher bis brauner Färbung, die im Leben die im Wasser
gelöste Kieselsäure aufnehmen können und sie in Gestalt von sehr zier=
lichen Kieselpanzern abscheiden. Das Mikroskop zeigt uns oft über=
raschend schöne Formen von Schiffchen, Scheiben und Stäbchen, aus
zwei Teilen wie eine Schachtel gebildet, deren Flächen wie in getrie=
bener Arbeit ausgeführt erscheinen. Auch im süßen Wasser finden sie
sich in hübschen Formen, und auch sie haben tätigen Anteil am Bau
unserer Erdrinde genommen; auf solcher Diatomeenerde steht bekannt=
lich ein Teil der Stadt Berlin.

Eine andere Ablagerung von Kieselpanzern stellt der Radiolarien=
schlamm dar, der im Atlantischen Ozean fast gänzlich fehlt, dagegen
im Westen und in der Mitte des Großen Ozeans in der Tiefe von
meist mehr als 5000 m große Teile des Meeresbodens bedeckt. Er
stellt trocken ein gelbbraunes, feines Pulver dar. Auch die Radiolarien
(Abb. 8) oder Gittertierchen sind pelagische, d. h. frei im Wasser lebende,
einzellige Urtiere. Viele von ihnen zeigen einen kugeligen Bau; aber
auch andere sehr hübsche Formen sind häufig vertreten. Der zarte Kör=
per dieser Tierchen wird durch Kieselstrahlen, die vom Innern aus=
gehen, gewissermaßen getragen und im Wasser in der Schwebe gehal=
ten; innere und äußere Kapseln stützen diese Strahlenbüschel und schaf=
fen dadurch Formen von überraschender Schönheit. Im Radiolarien=
schlamm finden sich auch Reste von anderen Tieren. Häufig sind zier=
lich gebildete Sechsstrahler und Nadeln (Abb. 9) von Kieselschwämmen;

so fanden die Grundnetze der Valdivia ein 5 mm dickes Bruchstück einer Kieselnadel eines zur Gattung Monorhaphis gehörigen Schwammes, dessen ursprüngliche Länge auf 3 m geschätzt werden kann.

Den größten Teil des Bodens besonders der Meere der wärmeren Klimate bedecken aber von etwa 5000 m an bis zu den tiefsten Stellen Schichten von ganz anderer Zusammensetzung, der rote Tiefseeton (red clay), eine durch Eisenoxyd und Mangan bald heller, bald dunkler gefärbte Masse, die an der Luft hart wie Töpferton wird. Die Foraminiferenschalen sind hier fast völlig verschwunden; ihre

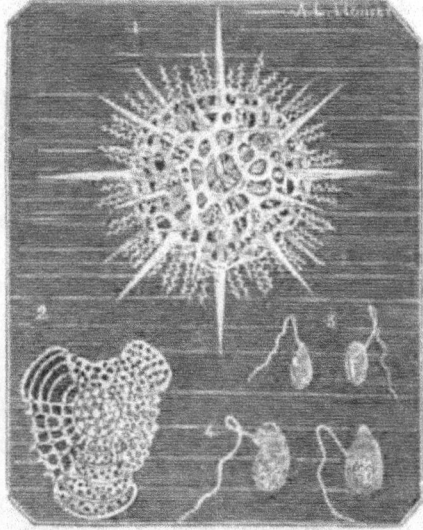

Abb. 8. Radiolarien aus dem Oberflächenwasser des Mittelmeeres. (Aus Marshall.) 1. Lychnaspis, 2. Euchitonia, 3. 4. Sporen.

Kalkgehäuse sind aufgelöst. Er enthält neben Kieselnadeln von Gittertierchen und Schwämmen sehr feine Flitterchen von kosmischem Staub, in einigen Gegenden, so an der Westküste Afrikas, wo sich um die Kap Verdischen Inseln als Mittelpunkt ein großes Gebiet roten Tiefseetones findet, Staubmassen aus der westlichen Sahara, in anderen in großen Mengen die Auswurfsmassen unterseeischer oder oberirdischer Vulkane. Die Herkunft dieses so weit verbreiteten roten Tiefseetones ist auch heute noch nicht ganz klar; während Thomson für ihn ebenfalls eine animalische Entstehung annehmen zu müssen glaubte, stellte Murray die heute wohl am meisten geltende Ansicht

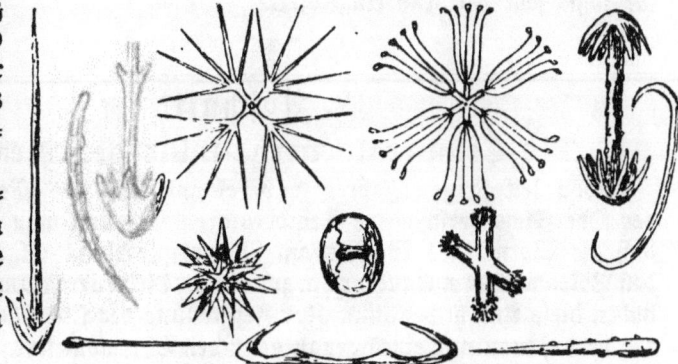

Abb. 9. Kieselnadeln und Kieselsterne verschiedener Schwämme.

auf, daß er anorganischen Ursprungs sei. Über unterseeische Vulkane wissen wir, wie wir bereits sahen, nichts Feststehendes; wahrscheinlich ist ihre Verbreitung aber viel größer als wir bislang annahmen. Aber auch die Auswurfsmassen der festländischen Vulkane fallen ins Meer und werden durch Luftströmungen oft sehr weit fortgeführt. Walther teilt mit, daß die Asche des Krakatau von der Sundastraße 3000 km weit durch Winde fortgetragen wurde. Die Bildung dieses roten Tiefseetones muß aber ungeheuer langsam vor sich gehen; wohl Jahrtausende sind nötig, um den Boden in eine nur wenige Finger dicke Schicht einzuhüllen. Durch nichts wird die langsame Entstehung dieser unterseeischen Bodenschicht so gut erläutert als durch das bemerkenswerte Vorkommen von Wirbeltierresten in ihr. Das Schleppnetz hat nämlich vom Grunde des roten Tones eine große Menge von Haifischzähnen, von den festen, über faustgroßen runden Knochen aus den Felsenbeinen der Waltiere, sowie Gehörsteine von Knochenfischen heraufgebracht. Die Haifischzähne gehörten zum Teil Formen an, die heute nicht mehr leben und uns sonst nur als Versteinerungen des Tertiärs Kunde von längst entschwundenen Zeiten geben. Nicht nach Jahrhunderten kann die seitdem verflossene Zeit gemessen werden, und doch genügt das Wühlen des Schleppnetzes im weichen Meeresboden, um sie freizulegen. Sie sind oftmals schalenförmig umgeben von einem festen, Braunstein und Eisenoxyd enthaltenden Ton und bilden dann die sogenannten Manganknollen, die von der Größe einer Haselnuß bis zu der eines mäßigen Apfels vorkommen und von Gümbel als Erzeugnisse unterseeischer Sprudelquellen angesehen werden. Auch vulkanische Bimssteinstückchen und Mineralkörnchen können als Kerne dieser Knollen auftreten, die stellenweise den Meeresboden dicht bedecken. So hat die Meeresforschung auch auf die Geologie sehr belebend eingewirkt.

IV. Abschnitt.
Die Temperaturverhältnisse der Ozeane.

Schon seit langen Jahren war bekannt, daß das Meerwasser an der Oberfläche verschiedene Temperaturen hat, und man wußte auch, daß die Wärme des Wassers am Meeresspiegel im allgemeinen von den Polen nach dem Äquator hin zunehme. Die neueren Untersuchungen haben diese Ansicht bestätigt. Zur Feststellung der Oberflächentemperatur bedarf man nur eines genau gehenden Thermometers. Anders verhält es sich mit der Wärmemessung der Tiefsee. Noch Herschel stellte ben Grundsatz auf, daß in großen Tiefen überall eine gleichmäßige Temperatur von ca. 4° C herrsche. Die Ausmessung der Bodentemperatur im Meere stellte aber auch ungleich viel größere Anforderungen an die Apparate als die Bestimmung der Oberflächenwärme. Zunächst handelte es sich darum, Thermometer herzustellen, die den außerordentlichen Druck in den Tiefen aushalten und trotzdem genaue Angaben machen. Der „Challenger" hatte Tiefseethermometer an Bord, die einen Druck von 3500 kg auf den Quadratzoll aushielten, was dem Gewichte einer etwa 4800 m hohen Wassersäule entspricht. Als nun einst die Instrumente in fast 7000 m Tiefe versenkt wurden, kamen zwei von ihnen zerdrückt an Bord zurück. Deshalb wird das viel angewandte Tiefseethermometer von Miller=Casella auch in eine feste Kapsel gesteckt, und der Raum zwischen dieser und dem eigentlichen Thermometer mit Alkohol ausgefüllt. Der Miller=Casellasche Apparat ist im Grunde genommen ein Maximum= und Minimum=Thermometer, das durch zwei Schwimmer die höchste und niedrigste erreichte Temperatur selbständig aufzeichnet. Mit Hilfe dieses Thermometers konnte man also feststellen, welches der niedrigste Wärmegrad war, den die Wassersäule an dem Orte erreichte, wo es versenkt wurde. Es kommt aber bei den Temperaturmessungen des Meerwassers in vielen Fällen weniger auf diesen Punkt an, als vielmehr darauf, zu erfahren, wie sich die Temperatur in den verschiedenen übereinander liegenden Meeresschichten verteilt, welche in dieser, welche in jener herrscht. Für diese Messungen geeignete Thermometer (Abb. 10) verfertigen seit Jahren Negretti und Zambra in London. Ihr Hauptunterschied von den sonst gebräuchlichen besteht darin, daß das Rohr oberhalb des Quecksilberbehältnisses, wo zugleich sein Hohlraum sich verengert, einen knieförmigen Knick erhalten hat. Stellt man ein solches Thermometer auf den Kopf, so reißt an der verengten Stelle der Quecksilberfaden ab und behält bis auf ganz ge=

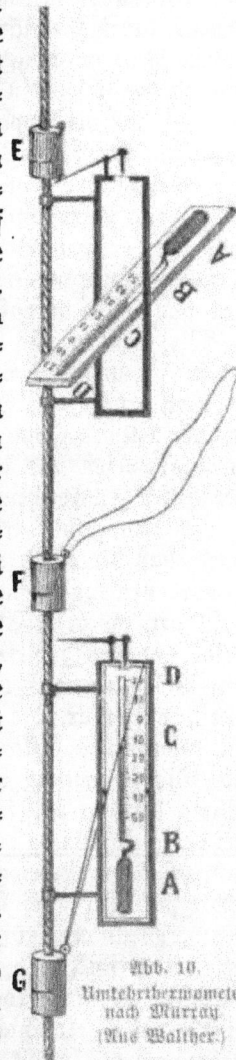

Abb. 10.
Umkehrthermometer
nach Murray.
(Aus Walther.)

ringe Unterschiede seine bis dahin erreichte Länge bei. Von diesen Um-
kehrthermometern werden nun eine Anzahl in gewissen Abständen an
dem Lotungsdraht befestigt und in die gewünschte Tiefe versenkt. Dann
werden durch Gewichte, die man hinabgleiten läßt, durch einen einfachen Mechanismus die Thermometer der Reihe nach herumgedreht,
und sie verbleiben in dieser Stellung, bis sie heraufgeholt werden. Es
ist klar, daß die Apparate für die Messung der Tiefseetemperaturen in
bezug auf Druck und Leistungsfähigkeit sehr genau gearbeitet sein müssen
und auch öfterer Nachprüfung bedürfen. — Nach einer anderen Me-
thode (von Petersson-Nansen) untersucht man die Temperatur der Tiefenwasser erst an Bord, nachdem man eine Probe in besondern, eine
Temperaturveränderung möglichst ausschließenden Gefäßen aus einer
gewissen Tiefe heraufgeholt hat.

Wir wenden uns jetzt zu den Wärmeverhältnissen im Meere
selbst. Sowohl die Lufthülle als auch die Wasserhülle, die die Erde
umgibt, erhält ihre Wärme von der Sonne. Ihre warmen Strahlen
werden entweder von der Erd- oder Wasseroberfläche aufgesogen, oder
zurückgeworfen und wieder abgegeben. Die Luft wird also von unten
her durch Ausstrahlung erwärmt, während das Meer von oben her
eine Wärmezufuhr erhält, die in erster Linie dadurch hervorgerufen
wird, daß die durch starke Erwärmung und Verdunstung salzreicher
gewordenen Wassermassen fortwährend herabsinken. Deshalb sehen wir,
daß dort, wo beide Elemente zusammenstoßen, also am Meeresspiegel,
beide annähernd dieselbe Wärme haben; die Luft ist (abgesehen von
den Polargebieten) durchschnittlich um 1^0 C kälter als das Oberflächenwasser. Je weiter wir uns von der gemeinsamen Wärme-
quelle entfernen, desto mehr nimmt die Temperatur in beiden Richtungen
ab. Die Bedeutung der Oberflächenwärme des Meerwassers für das
Klima der den Küsten benachbarten Länder ist bekannt; wir werden
bei der Besprechung der Meeresströmungen noch näher darauf eingehen
müssen. Das Meerwasser erwärmt sich langsamer als die Landmassen,
kühlt sich aber auch langsamer ab als diese und wirkt somit ausglei-
chend. Wenn wir auf eine Karte blicken, auf der die Jahresisothermen
verzeichnet sind, d. h. Linien, die die Orte gleicher Durchschnittstempe-
ratur im Jahre verbinden, so sehen wir, daß diese auf den Ozeanen
einen viel regelmäßigeren Verlauf zeigen als auf dem Festlande; sie
nehmen dort, soweit sie nicht durch Strömungen beeinflußt werden,
fast parallele Richtung an. Die Temperaturgegensätze am Tage und
die Jahresschwankungen sind also auf dem offenen Meere viel geringer
als auf dem festen Lande. Sie betragen z. B. auf dem Atlantischen

Ozean unter 35° nördlicher Breite nur 7,3°; im Februar ist die Durch=
schnittstemperatur 16,7°, im August 24°; nach Krümmel ist weiter
südlich in 10° nördlicher Breite die tiefste Temperatur im März 24,8°,
die höchste im September 27,5°, was eine Wärmeschwankung von nur
2,7° bedeutet. Minima und Maxima der Erwärmung treten auf dem
Meere viel später ein als auf dem Festlande; erstere erst im Februar
oder März, letztere im August oder September. Im allgemeinen sind
die Ozeane auf der nördlichen Halbkugel an ihrer Oberfläche etwas
wärmer als unter den entsprechenden südlichen Breiten; das hat darin
seinen Grund, daß nach Süden hin, wie wir noch sehen werden, eine
offenere Verbindung mit dem kalten Südpolarwasser besteht. Die Deut=
sche Südpolarexpedition unter E. v. Drygalski fand als höchste Tem=
peratur auf ihrer Reise 29,5° auf 7° nördlicher Breite. In abgeschlos=
senen Meeresteilen kann die Oberflächentemperatur aber noch höher
steigen; die höchste Oberflächentemperatur von 32,5° fand die „Pola“=
expedition im Roten Meere, und im Persischen Golfe wurde 35,6°
angetroffen.

Die verschieden erwärmten oberen Schichten der Meere üben auf
die darüber liegenden Luftschichten einen ähnlichen Einfluß aus, wie
wir ihn von großen Landmassen kennen. Wir wissen heute, daß auf
den Ozeanen dort, wo große Temperaturunterschiede des Oberflächen=
wassers sich vorfinden, auch die Heimat der Stürme ist. Viele von
ihnen, die über den Atlantischen Ozean herüber zu uns kommen, sind
im Süden von Neufundland und Neuschottland entstanden, wo die war=
men Gewässer des Golfstromes einen auffallenden Temperaturgegen=
satz zu den kalten Strömen aus dem Norden bilden. Auch der Süden
vom Kap der Guten Hoffnung ist bekanntlich durch große und schwere
Stürme ausgezeichnet, die ebenso wie im Südwesten von Südamerika
und im Nordosten von Japan solchen Temperaturgegensätzen ihre Ent=
stehung verdanken.

Ein vollständiger Umschwung hat sich infolge der Tiefseeforschung
mit unseren Ansichten aber über die Wärmeverteilung in den tie=
feren Wasserschichten vollzogen. Wie schon gesagt, glaubte man
auf Grund der Beobachtungen von Dumont d'Urville (1826), Wilkes
und James Roß (1842) annehmen zu müssen, daß der Meeresgrund
von einer gewissen Tiefe an überall eine gleichmäßige Wärme von
+ 4° C zeige, eine Temperatur, bei der bekanntlich das süße Wasser
seine größte Dichte besitzt. Es mußte nach dieser Annahme also in den
Polarmeeren nach der Tiefe eine Zunahme der Wärme bis + 4° statt=
finden, in den Äquatorialgegenden eine entsprechende Abnahme. Zwi=

schen beiden sollte auf jeder Halbkugel ein Gürtel vorhanden sein, auf dem das Meer von oben bis unten die gleiche Wärme habe, die „homo= therme Grundschicht", die Nord und Süd beide Male wie eine Mauer trenne. Die Wärmemessungen der Meerestiefen in den letzten Jahr= zehnten haben diese Vorstellung, die sich allgemeiner Anerkennung er= freute, ganz über den Haufen geworfen. Allerdings bringen die wär= menden Wirkungen der Sonnenstrahlen in nur sehr geringe Tiefen ein, da das Wasser sehr viel Wärme verschluckt und sie auch schlecht fort= leitet. So machen sich die Jahresschwankungen, wie wir sahen, schon in 150 bis 200 m Tiefe, die Gegensätze der Tagestemperaturen schon in geringerer Tiefe nicht mehr bemerkbar. Im Roten Meere ist der Einfluß der letzteren höchstens bis 100 m Tiefe nachweisbar.

Die zahlreichen Reihentemperaturen, die zur Feststellung der senkrechten Wärmeverteilung gemessen worden sind, haben demgemäß auch gezeigt, daß die Wärme des Meerwassers im allgemeinen mit zu= nehmender Entfernung von der Oberfläche bis zum Boden hin ab= nimmt. Diese Abnahme erfolgt innerhalb der ersten 300 m sehr rasch, dann langsamer bis zur Tiefe von ungefähr 1100 m. Von hier bis in die größten Tiefen ist die Temperatur eine ziemlich gleichmäßige und bewegt sich zwischen $+2^{0}$ und 0^{0}; in den Polargegenden kann sie auf dem Grunde infolge der kalten Schmelzwässer auch unter 0^{0} sinken.

Die nebenstehende graphische Darstellung (Abb. 11) der Temperatur= abnahme im Atlantischen und Stillen Ozean, die von Hann aus Mittel= werten aus verschiedenen Reihentemperaturen zusammengestellt ist, läßt die Verhältnisse deutlich erkennen. Danach verläuft die Wärmeabnahme im äquatorialen Teil des Stillen Ozeans zwischen den beiden Breiten= graden von 3^{0} folgendermaßen:

Tiefe in m:	Temperatur:	Unter= schiede:	Tiefe in m:	Temperatur:	Unter= schiede:
0	28,0 ^{0} C		1440	3,0 ^{0} C	
		6,3 ^{0} C			0,5 ^{0} C
180	21,7		1620	2,5	
		11,7			0,3
360	10,0		1800	2,2	
		2,5			0,2
540	7,5		1980	2,0	
		1,3			0,1
720	6,2		2160	1,9	
		1,2			0,1
900	5,0		2340	1,8	
		0,8			0,1
1080	4,2		2520	1,7	
		0,7			0,1
1260	3,5		2700	1,6	
		0,5			
1440	3,0				

Anfangs macht sich demnach noch die Oberflächenwärme bemerkbar, dann aber erfolgt die Temperaturabnahme sehr rasch, und die Kurve fällt steil; je tiefer wir aber gelangen, desto geringer werden die Un= terschiede, bis sie schließlich fast unmerklich sind.

In den Tiefen der Ozeane schwebt also das hinabgelassene Ther=
mometer, wie zahlreiche Messungen in allen offenen Meeresteilen er=
gaben, in fast eiskaltem Wasser; so fand auch die Valdivia=Expedition
im Atlantischen Ozean ein wenig südlich vom Äquator bei fast 5700 m
Tiefe eine Temperatur von nur 1,9° C. Der Unterschied zwischen Ober=
flächen= und Bodentemperatur ist natür=
lich an den Polen am geringsten; er be=
trug an der Westküste von Grönland (nach
Walther) bei 3000 m Tiefe die Differenz
von + 3° bis — 1,5°, also 4,5°. In den
tropischen Meeren mit stark erwärmter
Oberfläche ist sie natürlich bedeutend grö=
ßer; so stellte die „Gazelle" im tropischen
Teile des Stillen Ozeans einen Unterschied
von + 29° bis + 1,6° oder 27,4° fest,
bei dem glei=
chen Ab=
stand von
3000 m.
Die geringe
Wärme in
den Tiefen
der Ozeane
wird da=

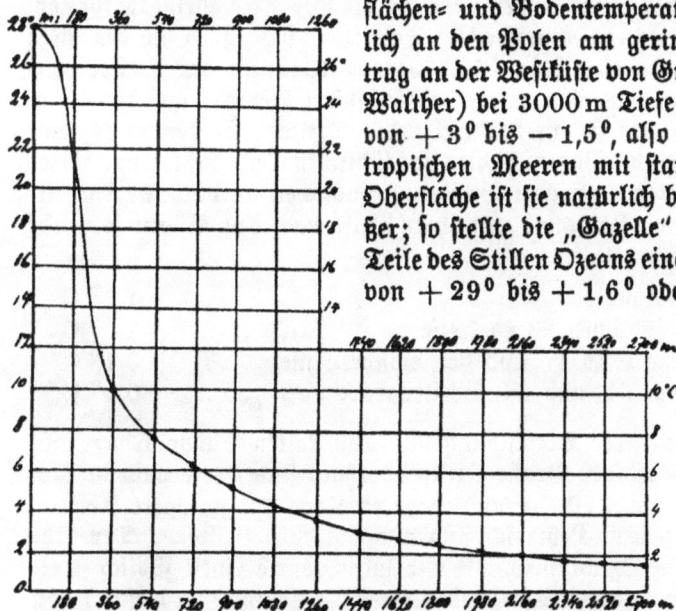

Abb. 11.   Temperaturabnahme im äquatorialen Teil des Stillen Ozeans
zwischen 3° nördl. und südl. Breite.   (Nach Hann.)

durch verur=
sacht, daß
beständig

von den Polen her zum Äquator Ströme kalten Wassers auf dem Bo=
den hinziehen, ein Ersatz für die in umgekehrter Richtung geführten
Wassermengen der warmen Oberflächenströme. Die Mächtigkeit der
ersteren mag vom Boden gemessen durchschnittlich 3600 m betragen.
     Die Temperatur auf dem Grunde der Ozeane schwankt, wie wir
sahen, um etwa 4,5°; dem Minimum von — 2,5° in den Polarmeeren
steht ein Maximum von + 2° in den äquatorialen Breiten gegenüber.
Wo aber liegt dieses Maximum? Man sollte denken, unter oder we=
nigstens ganz in der Nähe des Äquators. Das ist aber nicht der Fall.
Wenn wir auf dem Boden des Atlantik mit dem Thermometer in der
Hand vom Äquator her nach Norden wandern könnten, so würde dieses
anfangs ungefähr 0° zeigen; wenn wir uns aber vom Äquator ent=
fernen und nach Norden wandern würden, so träfen wir Temperaturen

von $+1°$ bis $+2°$ an, erst bei weiterer Annäherung an die Polar=
meere würde es $0°$ bis $-1,5°$ zeigen, bis wir in diesen selbst das
Minimum von $-2°$ bis $-2,5°$ vorfänden. Also nicht unter dem
Äquator finden wir die wärmsten Bodenschichten, sondern nördlich von
ihm. Auch diese Erscheinung wird dadurch verursacht, daß von Süden
her kalte Bodenströme ungehindert in die Ozeane einbringen können,
während im Norden unterseeische Schwellen sich ihnen in den Weg
stellen. Diese haben also auf die Wärmeverhältnisse der Tiefsee den=
selben Einfluß, wie ihn unsere festländischen Gebirge auf das Land
ausüben, von dem sie die kalten Winde abhalten. So kommt es, daß
im allgemeinen die Bodenschichten der südlichen Teile der Ozeane kälter
sind als die unter gleichen Breiten befindlichen nördlichen. Im At=
lantik fand die „Valdivia" auf ihrer Reise nach dem Süden folgende
Bodentemperaturen:

unter dem Äquator	$+1,7°$ C
unter dem südlichen Wendekreise	$+1,0°$ C
zwischen Kap d. G. H. und der Bouvet=Insel . .	$+0,4°$ C
zwischen dem 55. und 64. Breitengrade	$-0,4°$ C

In noch offenerer Verbindung mit dem kalten Südpolarmeer als
der Atlantik steht der Große Ozean; deshalb finden wir auch in ihm
in der Tiefe von 2700 m und mehr eine um $1°$ geringere Tempe=
ratur als in jenem. Lehrreich sind auch folgende Beispiele. Der süd=
liche Atlantische Ozean wird, wie wir sahen, durch einen südlich strei=
chenden Rücken in zwei tiefe Gräben geteilt; während nun westlich von
diesem im brasilischen Becken eine Bodenwärme von $-0,6°$ gemessen
wurde, zeigt der östliche Graben eine Tiefentemperatur von $+1,9°$,
also einen Unterschied von $2,5°$, weil dort ein vom Massiv des Rückens
nach der Westküste von Afrika sich hinziehender Querriegel, der „Wal=
fischrücken", der sich bis zu 3000 m der Oberfläche nähert, ein Vor=
bringen der kalten Bodenwasser von Süden her verhindert, was bei
dem nach Süden offeneren brasilischen Becken nicht der Fall ist. Ähn=
liche bedeutende Unterschiede sind auch aus dem Norden des Atlantischen
Ozeans bekannt, wo eine unterseeische Erhebung zwischen Schottland,
Island und Grönland, die sich bis auf 500 m dem Wasserspiegel nähert
und zu Ehren des Leiters der Challengerfahrt „Thomson=Rücken" ge=
nannt wird, die kalten Bodenwasser des Polarmeeres von den wär=
meren des Atlantischen Ozeans trennt. Auf seinem nördlichen Abhang
maß man $-0,6°$, auf seiner Südseite bei annähernd gleicher Ober=
flächentemperatur und in derselben Tiefe $+6$ bis $+10°$ (Walther);

während im Norden eine reine Polarfauna angetroffen wurde, fehlten die diese kennzeichnenden Tiere, sobald man den Rücken überschritten hatte. Derartige Abweichungen von den allgemein geltenden Grundsätzen können aber auch dadurch hervorgerufen werden, daß die kälteren Bodenströme beim Zusammentreffen mit anderen emporgepreßt werden oder durch andere später zu erwähnende Einflüsse steigen und sich dann über wärmere Ströme hinwegschieben können. Das in eine solche Schichtung von wärmerem und kälterem Wasser hinabgelassene Thermometer kann natürlich nicht die sonst bestehende allmählich zunehmende Temperaturerniedrigung vorfinden. So zeigten die Thermometer H. Mohns 1877 im Norden der skandinavischen Halbinsel unter dem 79. Breitengrad:

Oberfläche		11,6 °C	⎫	in 183 m Tiefe		2,6 °C	⎫
in 18 m Tiefe		7,4		„ 201 „	„	2,8	
„ 37 „	„	5,5		„ 219 „	„	3,7	Zunahme.
„ 73 „	„	4,9	Abnahme.	„ 274 „	„	4,0	
„ 110 „	„	3,7		„ 411 „	„	4,0	⎭
„ 146 „	„	2,9					
„ 188 „	„	2,6	⎭				

Es fand sich also, daß von rund 190 m Tiefe wieder eine Zunahme der Temperatur stattfand. Aber es kann, wie aus dem vorhin Gesagten hervorgeht, durch Unterströmungen sogar der Fall eintreten, daß das Lot beim Hinablassen mehrere Schichten von verschiedenem Wärmegrad durchläuft; so wurde von der antarktischen Expedition, die 1892 das südliche Polarmeer auf seine Ergiebigkeit hinsichtlich des Walfischfanges untersuchen sollte, das Vorhandensein einer solchen kälteren Zwischenschicht festgestellt. Auch der „Albatroß" fand auf seinen Reisen (1890—1895) im Beringmeer eine rasche Abnahme der Temperatur bis 100 m, dann eine Zunahme bis 400 m, von da bis 800 m eine fast gleiche Wärme und von 800 m bis zum Grunde (2129 m) eine beständige Abnahme bis zu 1,5°. Spätere Untersuchungen haben noch häufig derartige Abweichungen von der Regel festgestellt.

In Meeresteilen, wohin die kalten Bodenströme nicht gelangen können, wird die Tiefentemperatur eine höhere sein. Offenbar ist die Bewegung der ersteren nur sehr gering, da sie sonst die unterseeischen Schwellen leicht würden übersteigen können. Das Mittelländische Meer ist durch die noch nicht 13½ km breite Schwelle bei Gibraltar, die sich zwischen Kap Trafalgar und Kap Spartel bis auf 311 m dem Meeresspiegel nähert, fast ganz vom Atlantischen Ozean abgeschlossen. In ersterem nimmt im Sommer die Temperatur sehr rasch bis etwa 100 m Tiefe ab, am schnellsten zwischen 30 und 70 m, dann immer

langsamer, von 400 m bis 1000 m nur noch um ca. $\frac{1}{2}$° C. Von 1000 m
an abwärts findet keine nennenswerte Wärmeabnahme mehr statt, und
bis zum Grunde von 4400 m herrscht eine nahezu gleichmäßige Wär=
me von ca. 13,5°. Im Winter kühlen sich auch die sonst wärmeren
Oberflächenschichten stärker ab, und dann finden wir, daß eine gleich=
mäßige Temperatur die ganzen Schichten vom Grunde bis zur Ober=
fläche durchzieht, daß das Wasser dann also die mittlere Wintertem=
peratur der Küstengebiete zeigt.

Im Roten Meer, wo eine ähnliche Schwelle bei der Insel Perim
vorhanden ist, stellte Kapitän Puller zu verschiedenen Zeiten folgende
Temperaturen fest:

an der Oberfläche . .	26—30° C,
in 731 m Tiefe . .	21,7° C,
in 1243 m Tiefe . .	21,4° C.

Von 700 m bis zur größten Tiefe von 2190 m ist im Roten Meere,
wie auch die Lotungen der Pola=Expedition bestätigten, eine nennens=
werte Temperaturabnahme nicht mehr nachweisbar. Die gleichmäßige
Schicht beginnt dort schon ganz nahe der Oberfläche und erstreckt sich
bis auf den Boden, und man hat auch hier gefunden, daß ihre Wärme
der durchschnittlichen Wintertemperatur an der Küste gleich ist. Auch
im Golf von Mexiko und im Karaibischen Meerbusen herrscht von
1300 m an bis in die Tiefen von 6000 m eine gleiche Wasserwärme
von über 4°. Ähnliche Verhältnisse können also auch eintreten, wenn ein
Teil des Meerbodens sich beckenförmig eingesenkt hat und von trennen=
den Bodenschwellen umgeben ist, ohne daß es zu einem abgeschlossenen
Binnenmeere gekommen ist. Auch diese mehr oder minder geschlossenen
Wälle werden kältere Bodenwässer abhalten, und von der Linie ihrer
mittleren Erhebung an bis auf den Grund der Becken wird deshalb
eine annähernd gleichmäßige Temperatur herrschen. Dieser Mangel
an Zirkulation schafft demnach in den mehr oder weniger vom Welt=
meer abgeschlossenen Seebecken eine außerordentlich gleichmäßige Tem=
peratur des Wassers; so finden wir z. B. in der Zulu=See eine gleich=
mäßige Wärme von über 10° C vom Boden bis zur Höhe von 3600 m;
in der China=See herrscht vom Grunde bis zur Höhe von 3600 m
dieselbe Temperatur von 2,3° C. Auch die „Valdivia" stellte fest, daß
im sumatranischen oder Montawei=Becken von 900 m Tiefe an dieselbe
Temperatur von 5,9° sich nachweisen ließ. So hängt also die Wasser=
wärme der Meerbecken in größeren Tiefen auf das engste mit der mehr
oder weniger innigen Berührung mit den kalten Bodenströmen zusammen.

V. Abschnitt.
Die horizontalen und vertikalen Bewegungen im Meerwasser.

Die „ruhelose Fläche" nannten die Alten das Weltmeer. In keinem Augenblicke sind die riesigen Wassermassen der Ozeane in träger Bewegungslosigkeit. Die durch die Oberflächenverdunstung salzreicher und dadurch schwerer gewordenen Wasserteilchen, die Temperaturunterschiede der oberen und unteren Schichten drängen jederzeit auf einen Ausgleich hin, die Winde stauen das Wasser vor sich auf und führen es fort, und andere Mengen müssen an die Stelle der abfließenden treten. Dieser Ausgleich, diese Zirkulation des Wassers, die sich Stunde für Stunde sowohl in wagerechter als auch in senkrechter Richtung vollzieht, ist nicht nur für die Existenz der Organismen des Meeres von der größten Bedeutung, sondern auch für das Klima der Festländer.

Selbst die sonst nur langsam bewegten Tiefenschichten werden — wahrscheinlich öfter als wir denken — durch unterseeische Ausbrüche und Seebeben aus ihrer trägen Ruhe aufgescheucht, Vorgänge, die sich nur gelegentlich auch an der Oberfläche bemerkbar machen werden, dann aber mächtige, alles zerstörende Wellen den Küsten zusenden können. Im Januar 1898 fand an der istrischen Küste zwischen Isola und Kapo d'Istria ein starkes Meerbeben statt; das Meer trat mehrmals vom Strande zurück und kehrte unter mächtigem Anprall zurück. Auf offenem Meere sind derartige Erdstöße je nach ihrer Stärke entweder gar nicht wahrzunehmen oder können alles an Deck Befindliche durcheinander werfen und das Meer in eine Bewegung bringen, daß es wallt und sprudelt wie kochendes Wasser. Manche Gegenden sind, wie wir sahen, derartigen submarinen Erdbeben und Eruptionen ganz besonders ausgesetzt. Das ist leicht zu erklären, da ja auch auf dem Festlande vulkanische Erscheinungen hauptsächlich auf ganz bestimmte Gebiete beschränkt sind. Unsere Kenntnis von diesen Vorgängen in der Tiefe ist noch sehr gering. Von welch elementarer Gewalt derartige vulkanische Ausbrüche sind, davon zeugen folgende Angaben. Durch das Erdbeben, das im Jahre 1854 Simoda in Japan zerstörte, entstanden Stoßwellen, die die Entfernung bis San Franzisko oder 8365 km in etwa 12 $\frac{2}{3}$ Stunden zurücklegten, also stündlich mehr als 660 km. Das ist ungefähr die Entfernung von Berlin bis zur belgischen Grenze, zu der der Schnellzug aber mehr als 11 Stunden gebrauchte. Die Wellenberge folgten einander in Abständen von je 35 Minuten. Bei dem

großen Ausbruch in der Sundastraße, der im August 1883 die Insel
Krakatau zerstörte und dessen riesige Wellen die Nachbarküsten von
Java und Sumatra verwüsteten, legten erstere nach Wharton die rund
9000 km betragende Strecke bis an die Küste Ostafrikas mit einer
Geschwindigkeit von etwa 720 km in der Stunde zurück. Die sehr langen
Wellen kamen in Zwischenräumen von etwa einer Stunde an und hatten
noch eine Höhe von 30 bis 40 cm. Die Geschwindigkeit der Wellenbewe=
gung bei dem großen japanischen Erdbeben im Jahre 1896 berechnete
Davison auf 748 km stündlich.

Eine andere Art der Bewegung der Wassermassen ruft die Ein=
wirkung der Gestirne hervor. Die Erscheinung des periodischen Auf=
und Niedersteigens des Meeresspiegels, die sich besonders an den Küsten
bemerkbar macht, bezeichnen wir bekanntlich als Gezeiten oder Tiden.
Zweimal täglich findet dieses Atmen des Meeres statt, die aufsteigende
Bewegung nennen wir Flut, die absteigende Ebbe. Seit der denkwür=
digen Festlegung der Gesetze der Gravitation durch Newton wissen wir,
daß die Gezeitenwellen Wirkungen der Anziehungskraft des Mondes
und der ungleich viel größeren, aber 387 mal weiter entfernten Sonne
auf die Erde sind (Abb. 12). Die fluterzeugende Kraft des Mondes ist
deshalb ungefähr $2\frac{1}{5}$ mal größer als die der Sonne, weil die An=
ziehung mit dem Quadrate der Entfernungen abnimmt. Durch die An=
ziehung dieser Himmelskörper wird auf der ihnen zugewandten Seite
der Erde die Wassermasse gehoben und dadurch die Flutwelle geschaf=
fen, während auf der abgewandten Seite infolge der Rotation der
Erde eine etwas niedrigere Welle entsteht. Die von diesen Punkten um
90 Längengrade entfernten Orte haben zu gleicher Zeit Niedrigwasser
oder Ebbe. Täglich zweimal umläuft also die Erde in einer Zeit von
24 Stunden 48 Minuten — im allgemeinen in einer ihrer Achsen=
drehung entgegengesetzten Richtung von Osten nach Westen — eine
Mondflut und in einem Zeitraum von ca. 24 Stunden eine Sonnen=
flut; letztere erzeugt eine Welle, die theoretisch noch nicht halb so hoch
ist wie die erstere (Abb. 13). Wirken Mond und Sonne zusammen,
d. h. stehen sie beide im Meridian, was zweimal monatlich bei Voll=
und Neumond eintritt, so entstehen die Springfluten (Abb. 12, I, II);
stehen sie in der Quadratur (Abb. 12, III), so heben sich ihre Wir=
kungen teilweise auf, und wir haben eine taube oder Nippflut. Der Höhen=
unterschied zwischen beiden beträgt beispielsweise bei Helgoland, wo die
Springflut bis 2,8 m steigt, 1 m. Auf dem umstehenden Schema (Abb. 13)
bezeichnet die ausgezogene Linie den Verlauf und die Größe der Mond=
flut, die punktierte die der Sonnenflut, und die gestrichelte stellt die aus

beiden resultierende Flut innerhalb 12 Stunden dar. Der Unterschied zwischen Hoch= und Niedrigwasser macht sich auf den offenen Ozeanen nur wenig bemerkbar; er beträgt nach Krümmel bei Tahiti 40 cm, bei Ascension 60 cm, bei St. Helena 90 cm, in Südgeorgien 80 cm, bewegt sich also auf den offenen Weltmeeren meist zwischen 0,5 und 1,0 m. Anders aber, wenn die Flutwelle auf große Landmassen und

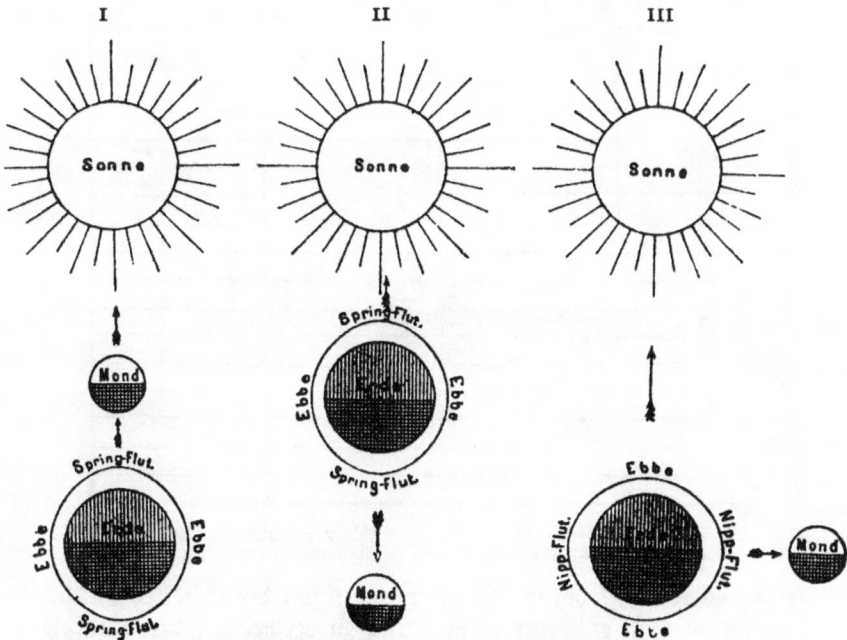

Abb. 12.   Entstehung der Spring= und Nippfluten.
(Die Pfeile deuten die Richtung der Anziehung an.)

dabei auf Steilküsten trifft, und vor allem, wenn sie in enger werdende Golfe zu laufen gezwungen wird, wie in den Bristolkanal und beson= ders in die Fundy=Bay zwischen Neuschottland und Neubraunschweig, wo die Springflut nach Krümmel bis 21,3 m hoch steigt; im Codiac= Flusse werden sogar 20 m Fluthöhe angegeben. Dabei spielt auch die gerade herrschende Windrichtung eine große Rolle. Das Eindringen der Flut in Flußmündungen schafft beispielsweise in der Garonne, im Amazonas, wo sie noch 800 km aufwärts nachweisbar ist, im Zam= besi, in der Elbe und Weser eine flußaufwärts gerichtete Gezeitenströ= mung, die das Eindringen von Seeschiffen weit ins Land hinein er= möglicht und so das Vorhandensein wichtiger Häfen (Hamburg, Bremen,

New-York u. a.), sogenannter Fluthäfen, bedingt. Selbst in der Ost=
see vermag die Sturmflutwelle noch beträchtliche Höhen zu erreichen;
als die großen Fluten in den letzten Tagen des Jahres 1904 die Wasser=
massen nach Osten aufgestaut hatten, wurden sie bei umspringendem
Winde mit solcher Gewalt zurückgetrieben, daß der Flutmesser in Lübeck
eine Höhe von 2,33 m über Mittelwasser zeigte. — Bekanntlich denkt

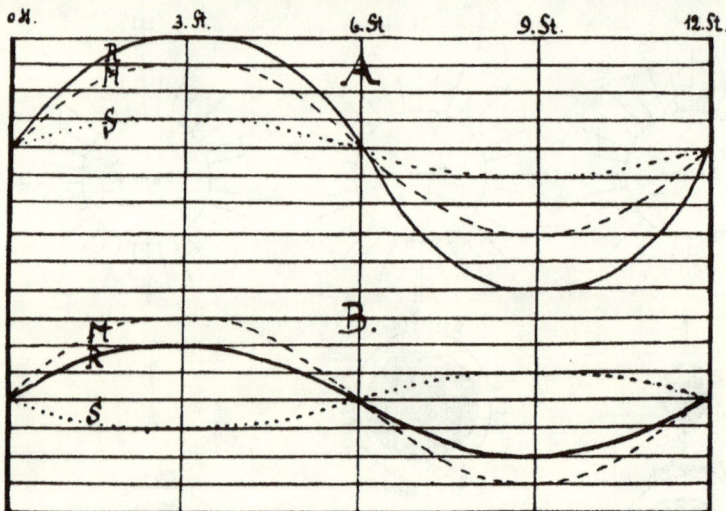

Abb. 15. Mond (M)=, Sonnen (S)= und die aus beiden resultierende Flut (R) bei
Neu= oder Vollmond (A) und beim 1. oder 3. Mondviertel (B). (Nach Hann.)

man in neuerer Zeit daran, die gewaltige Kraft der Gezeiten auszu=
nutzen, indem man entweder ihren Druck zu verwerten oder aber die
von ihr zugeführten Wassermassen in Sammelteichen auffängt und zum
Treiben von Mühlen oder Turbinen zu verwenden sucht.

Wenn die ganze Erde von einer gleichmäßigen Wasserschicht um=
geben wäre, so müßte die Hauptflut jedesmal bei dem Durchgang des
Mondes durch den Meridian des Ortes stattfinden, d. h. jedesmal nach
12 Stunden 25 Minuten. Auf den weiten Ozeanen kann die Flut=
welle sich nun mit gleichmäßiger Schnelligkeit weiter bewegen. So ist
festgestellt worden, daß die 1600 (geographische) Meilen betragende
Entfernung zwischen der Südküste Australiens und dem Kap der guten
Hoffnung in 12 Stunden zurückgelegt wird. Sobald aber die Flut=
welle auf Landmassen stößt, tritt eine Änderung und Verlangsamung
ein. Nach Krümmel erreicht die Flutwelle — nach Greenwicher Zeit be=
rechnet — um 2ʰ Kap Finisterre, trifft um 4ʰ am Eingang zum

Ärmel-Kanal ein und kommt weitere zwei Stunden später durch die Straße von Dover und zugleich im Norden um die Hebriden herum in der Nordsee an, wo diese zwei geteilten Wellen schon Ungleichheiten hervorrufen. Den Unterschied zwischen Kulmination des Mondes und dem wirklichen Eintritt der Flut nennt man die Hafenzeit eines Ortes.

Die ganz überraschenden Verschiedenheiten in der Erscheinung der Gezeiten beruhen, wie wir heute aus den Untersuchungen von Lord Kelvin, G. Darwin, Boergen, Airy u. a. wissen, darauf, daß ihre Bewegung nicht in einer Richtung verläuft, sondern aus vielen einander begegnenden und sich kreuzenden Wellen und Wellensystemen besteht. Die Hafenzeit eines Ortes durch Vorausrechnung sicher zu bestimmen, ist nach unserer heutigen Kenntnis unmöglich. Neben der Stellung von Mond und Sonne wirken auf die Flutwellen außer den schon genannten Faktoren auch noch Luftdruck und Winde, endlich die Hebung des Meeresgrundes und das dadurch flacher werdende Wasser ein, da hierdurch die Voraussetzung, daß die Wasserteilchen beim Fortschreiten der Welle an ihrer Stelle verbleiben, mehr oder weniger zunichte gemacht wird. Wesentlich ist auch der Verlauf der Küstenlinien. An der Südwestküste Englands erreicht nach Wharton die Flut eine Höhe von 5 m und nimmt auf ihrer Wanderung nach Osten allmählich bis Poole (2 m) ab; von da erfährt sie eine Steigerung bis Hastings (8 m), und weiter nach Osten wird sie wieder kleiner. Das ist nur so zu erklären, daß die Welle an der französischen Küste abprallt, und daß diese Reflexionswelle beim Aufstoßen auf eine andere diese entweder verstärkt oder schwächt. Auf solchen sich kreuzenden Wellensystemen beruht auch die Tatsache, daß manche Gegenden, wie die Mündung des Mississippi, nur eine Flut täglich haben, andere, z. B. die Ostküste von Schottland, mehr als zwei innerhalb 24 Stunden, nämlich alle vier Stunden den Eintritt einer Flut erwarten können. Nach Airy kann man überhaupt die Gezeitenwellen in halbtägige von $\frac{1}{2}$ Erdumfang Länge, ganztägige, einen Erdumfang lange, und drittens solche, die in noch längeren Zwischenräumen (14 oder 29 Tage, $\frac{1}{2}$ und ein Jahr) auftreten, einteilen. Dabei soll nicht von der Hand gewiesen werden, daß auch Vorgänge in der Atmosphäre auf die so sehr komplizierten Erscheinungen der Flutschwankungen einwirken; aus allem geht hervor, daß wir von einer klaren Anschauung auf diesem Gebiete noch recht weit entfernt sind. Auch die Binnenmeere haben ihre — natürlich kleineren — Flutwellen; im Mittelmeer erreicht die Springflut bei Toulon 14 cm, bei Neapel 34 cm; ganz schwach ist sie in der Ostsee (Kiel 7 cm, Memel noch nicht 1 cm), und Spuren finden sich

4*

sogar in größeren Landseen, wo allerdings auch Luftdruckunterschiede mitbestimmend sind.

Viel weniger bedeutend in ihrer Wirkung, aber dem Reisenden trotzdem auffallender ist die Erscheinung des Seeganges. Nur selten ist das Meer spiegelglatt; bei jeder Luftbewegung werden durch den ungleichen Druck des Windes auf die Oberfläche die Wasserteilchen in Bewegung gesetzt; es entstehen Hebungen und Senkungen des Spiegels, die Wellen, deren einzelne Wasserteilchen nach den Gesetzen des Pendels auf und nieder schwingen, bis endlich die Reibung die bewegende Kraft verzehrt. Die Kommandos der deutschen Marinefahrzeuge sind seit einiger Zeit angewiesen, Beobachtungen über Höhe, Länge, Periode und Geschwindigkeit der Wellen anzustellen. Die Höhe, der senkrechte Abstand von dem höchsten Punkte des Wellenberges bis zur Sohle des Wellentales, wird leicht überschätzt; sie richtet sich nach der Stärke des Windes und der Dauer seiner Einwirkung und dürfte auch beim heftigsten Sturme auf offenem Meere selten mehr als 10 m betragen, und Messungen, die bis zu 15 m Höhe feststellten, sind auf unzulängliche Methoden zurückzuführen; in den Randmeeren sind die Wellen niedriger, in der Nordsee z. B. wohl im Maximum 6 m. Wo jedoch die Wellen auf festen Widerstand stoßen, setzt sich ihre wagerechte Bewegung in eine senkrechte um, und da steigen die Brandungswellen oder „Roller" haushoch. Eine berüchtigte Brandungsküste ist die von Madras in Vorderindien.

Die Länge der Wellen beträgt nach Skoresby das 10- bis 20fache ihrer Höhe, ein Verhältnis, das sich nach anderen Beobachtungen bis zum 33fachen erhöhen kann. Nach Kapitän Stanley entspricht einer Wellenhöhe von rund 6 m eine Länge von 90 m und eine Geschwindigkeit von stündlich 46 km, d. i. etwa 12,8 m in einer Sekunde. Bei dieser schnellen Fortpflanzung der Bewegung bleiben die Wasserteilchen, wie ein auf den Wellen tanzendes Korkstückchen zeigt, fast am Ort, sie geben den erhaltenen Anstoß nur weiter und bewegen sich in der Hauptsache nur auf und nieder in der Bahn einer Trochoide, d. i. derjenigen Linie, die ein Punkt der Peripherie eines Kreises beschreibt, der auf einem andern rollt. Die Fortpflanzung dieser Bewegung kann sich bis zu Schnellzugsgeschwindigkeit steigern und die der Minima übertreffen, und so ist es zu erklären, daß der in ruhigem Wasser sich fortsetzende Seegang oder die zurückbleibende Dünung von einem verheerenden Orkan, der vielleicht Tausende von Seemeilen entfernt tobt oder gewütet hat, Zeugnis geben und den Schiffern geradezu als Warnzeichen dienen kann. — Der Fortpflanzung der Wellenbewegung in die Tiefe sind viel engere Schranken gesetzt. Ihre Grenze liegt, wie man auf theoretischer Grundlage berechnet hat, 350 mal tiefer als die Wellenhöhe; doch diese Tiefe wird niemals erreicht, so daß es den pelagisch lebenden Tieren leicht ist, sich vor einem nahen Unwetter in die ruhigen tieferen Gründe zurückzuziehen.

Die wunderbare Erscheinung der Oberflächenströme im Meere, gleichsam der Bewegung von Flüssen in den Ozeanen mit oft deutlich erkennbaren Ufern, bedeutend wärmerem oder kälterem Wasser, verändertem Salzgehalt, abweichender Färbung und anderem Tier- und Pflanzenleben, war den Bewohnern der ozeanischen Küsten schon seit langem bekannt — die erste Karte der Meeresströmungen zeichnete Athanasius Kircher — wenn auch ihre Entstehung, ihr Verlauf und ihr Einfluß auf das Klima der Festländer erst viel später genauer erforscht und erkannt wurde. Holzstücke und andere angeschwemmte Dinge, die nicht dem heimatlichen Boden entstammen konnten, machten wohl zuerst auf diese merkwürdigen horizontalen Bewegungen des Meeres aufmerksam; solche Fundstücke waren auch der erste Hinweis auf jene Drift von Ost nach West, der Nansen sich und sein Schiff mutig anvertraute. Die Strömungen machten sich des weiteren aber den Seeleuten noch bemerkbar durch die Schiffsversetzung, d. i. den Unterschied zwischen der berechneten und der durch Beobachtung der Gestirne festgestellten Lage ihres Fahrzeuges, eine Erscheinung, die man nur durch eine Strömung erklären konnte. Die Schiffer fürchteten sie lange Zeit, da sie in ihnen die Sicherheit der Leitung verloren; erst spät erkannte man die Vorteile, die die Driften den reisenden Schiffen bieten, und seitdem benutzt man sie nach Möglichkeit.

Einen dritten Beweis für die Bewegung der Wassermassen in horizontaler Richtung brachten die Flaschenposten; in früherer Zeit wurden sie ohne Absicht oder nur zu dem Zwecke ausgesetzt, Nachricht von Schiffsunfällen auf hoher See zu geben. Heute bedient sich die moderne Meereskunde ihrer mit Erfolg zur Erforschung der Meeresströmungen, und namentlich die Deutsche Seewarte in Hamburg und das Hydrographische Amt in Washington haben in den letzten Jahren systematisch die Aussetzung solcher Flaschen betrieben und deren Weg verfolgt. Man darf bei der Beurteilung des Wertes derartiger Flaschenposten aber nicht vergessen, daß sie, wie es scheint, oft mehr den Winden als der Richtung der Oberflächenströme zu folgen scheinen. Von 15 Flaschen, die 1896—97 im Osten des australischen Festlandes aufgefunden wurden, waren nur drei dem von Norden herkommenden Ostaustralischen Strom gefolgt; acht kamen von Süden, vier von Osten. Zwei Flaschen, die bei Kap Horn

an der Südspitze Amerikas ausgesetzt und an der Küste von Viktoria
aufgefunden worden waren, hatten 9000 Seemeilen, acht bis zehn täg=
lich, zurückgelegt. Die Flaschenposten sind also wohl ein Hilfsmittel, aber
kein allzu zuverlässiges, und immer noch sind Thermometer zur Be=
stimmung der abweichenden Temperatur und Aräometer zur Feststellung
des durch den veränderten Salzgehalt vermehrten oder verminderten
spezifischen Gewichts des Wassers die hauptsächlichen Hilfsmittel zur
Erforschung der Meeresströme.

Man unterscheidet im allgemeinen oberflächliche Strömungen, her=
vorgerufen durch Ebbe und Flut, durch die Land= und Seewinde, die
ihrerseits wieder der ungleichen Erwärmung des Landes während der
Tag= und Nachtzeit ihre Entstehung verdanken, ferner die eigentlichen
Meeresströmungen und die Tiefenströme. Für die Entstehung der bei=
den echten Meeresströmungen sind nach der bekannten Theorie des
Königsberger Geographen K. Zöppritz als Hauptursachen die regel=
mäßig auf gewissen Gebieten der meerbedeckten Erdoberfläche herrschen=
den Winde und die Adhäsion des Wassers anzusehen. Schon die Betrach=
tung einer Karte zeigt den engen Zusammenhang zwischen den Windrich=
tungen und den Meeresströmungen. Die Gebiete zu beiden Seiten des
Äquators sind das ständige Reich der Passate, des Nordost= und Südost=
passates. Infolge ihrer ständigen Richtung bringen sie die Äquatorial=
ströme hervor, die so lange nach Westen fließen, bis sie auf Land stoßen
und durch dieses gezwungen werden, nach Norden als Golfstrom und Kuro
Schio, nach Süden als Brasil=, Ostaustral= und Agulhas= (und Maska=
renen=)Strom auszuweichen. Nur im Gebiet des Indischen Ozeans kommt
der Nordäquatorialstrom nicht so recht zur Ausbildung; hier erzeugen
die nach den Jahreszeiten in ihrer Richtung wechselnden Monsune auch
wechselnde Triften. Nach Zöppritz' Annahme reißen die stetig wehenden
Winde zunächst die oberste Schicht des Wassers (Abb. 14) mit sich, diese
teilt infolge der Reibung der Wasserteilchen ihre Bewegung der nächsten
mit, und diese Übertragung setzt sich entsprechend der Stärke der ursäch=
lichen Bewegung von Schicht zu Schicht bis zu verschiedener Tiefe fort.
Nun bleibt aber in Wirklichkeit weder die Richtung noch die Kraft der
Winde ständig dieselbe; aber diese Veränderungen können nur auf die
oberen Wasserschichten einwirken, die unteren behalten ihre Richtung
bei, denn die Strömung ist nicht das Erzeugnis eines gerade heute herr=
schenden Windes, sondern „ein Produkt aller Winde, die seit ungezählten
Jahrtausenden über die betreffenden Gegenden hinweggestrichen sind"
(Supan). Nach Zöppritz' Berechnung würde eine heute beginnende und
stetig wehende Luftströmung erst nach 239 Jahren ihre Wirkung bis in

die Tiefe von 100 m fortpflanzen. Somit wären als Hauptursachen für die Meeresströmungen die ständig wehenden Passate der Äquatorial=gegenden und die Westwinde der höheren Breiten anzusehen. Obschon diese Hypothese von der Entstehung der Meeresströmungen sehr ein=leuchtend ist, soll nicht verschwiegen werden, daß sie nicht alle Fragen klar beantwortet und deshalb auch Widerspruch gefunden hat. Eine Anzahl von Ozeanographen sehen z. B. die Hauptursachen der Meeres=strömungen in der Verschiedenheit des spezifischen Gewichtes des Mee=reswassers in verschiedenen Tiefen.

Nansen glaubt drei ganz andere Ursachen für die Entstehung die=ser auffallenden Strömung ver=antwortlich ma=chen zu müssen: die Eigenwär=me der Erde, die

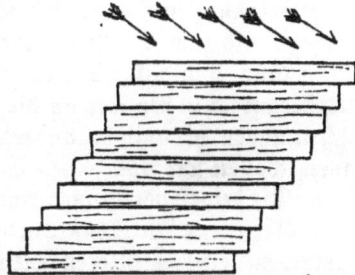

Abb. 14. Einfluß der Windrichtung auf die Bewegung der Wasser=schichten. (Nach Günther.)

anziehende Kraft der Himmelskörper, also vornehmlich des Mondes, vor allem aber die Wärmestrahlung der Sonne, die die Winde erzeugt, eine ungleiche Erwärmung der Oberfläche hervorruft und das Wasser verschie=den verdunsten läßt. Dazu kommt die Wirkung der Erdrotation, die auf der nördlichen Halbkugel als nach Osten ablenkt, dann die kalten Auftrieb=wasser am Rande der Ströme und die Schmelzwässer der Eisberge, denen sie etwa begegnen. Wir sehen also, daß wir noch weit davon entfernt sind, die Erscheinung der Strömungen klar zu erkennen. Je weiter die Ströme, vom Ostrande der Festlandsmassen geleitet, sich vom Äquator entfernen, desto mehr büßen sie an Wärme ein und desto schwerer wird infolge der Verdunstung ihr Wasser; in den mittleren Breiten nehmen die dort herr=schenden Westwinde die Bewegung der Strömung auf und befördern sie an die Westränder der Festlande, an denen entlang sie als relativ kalte Aus=gleichströme zur Deckung der von den Passaten fortgeführten Wassermen=gen als Westafrika= und Kalifornischer Strom, im Süden als Benguela=, Peru= und Westaustral=Strom dem Äquator wieder zufließen und zum Teil dort die von Ost nach West fließenden Gegenströme bilden helfen. Besonders die eben genannten Ausgleichströme der Südhalbkugel bringen große Massen kalten Wassers in niedere Breiten; der Stille Ozean dagegen ist im Norden fast ganz vom Eismeer abgeschlossen, das Nordatlantische Weltmeer erhält im Westen den kalten Labradorstrom.

Von allen horizontalen Wasserbewegungen im Meere ist die des Golf=
stromes am längsten und am besten bekannt, besonders durch ältere
Arbeiten der Amerikaner, deren Schiff „Blake" mehrere Jahre mit Sigsbee
und Barlett an Bord der Erforschung dieses Stromes gedient hat, dann
aber vornehmlich durch die neuesten Untersuchungen von Schott u. a. Die
Einwirkung des Golfstromes auf das Klima Europas ist bekannt. Seinen
warmen Wassern ist es zuzuschreiben, daß in Irland, der „Grünen In=
sel", der Lorbeer das ganze Jahr im Freien aushält, während in gleicher
Breite Labrador in Schnee und Eis starrt; sie bewirken, daß Weizen in
Norwegen bis zum 64. Breitengrad, Gerste gar bis zum 70. angebaut
werden kann, und daß die Kultur des Kirschbaums bis an den Polar=
kreis heranreicht. Da wir an diesem wärmespendenden Strom alle die
Erscheinungen, die auch bei anderen vorkommen, am besten kennen lernen
können, wollen wir uns seinen Verlauf einmal etwas näher vor Augen
führen. Die beiden vereinigten Äquatorialströmungen des Atlantik treten
als Karaiben= und Antillenstrom die weitere Wanderung nach Westen an.
Ersterer, mit einer mittleren Tiefe von etwa 180 m, zwängt sich durch
die Inselreihe der kleinen Antillen hindurch, erweitert sich im Karaibi=
schen Meer und fließt dann in beschleunigtem Lauf durch die enge Lücke
zwischen Kuba und Yukatan; er kann bei seiner größten Stärke die Wasser
des Mexikanischen Golfes über den Spiegel des Atlantischen Ozeans
erheben. Seine Geschwindigkeit hängt ab von der Stärke der Winde,
die seinen Lauf unterstützen, und erstere sowie seine Grenzen werden be=
einflußt durch die Gezeiten, die, wie schon die Amerikaner feststellten,
innerhalb 24 Stunden eine Veränderung der Schnelligkeit um die Hälfte
bewirken können. Der eigentliche Golfstrom ist keine unmittelbare Fort=
setzung des Karaibenstromes, sondern er nimmt seinen Anfang im Mexi=
kanischen Golf. Niederschläge und Flüsse vermehren hier die Wasser=
menge. Von letzteren liefert allein der Mississippi einen großen Teil;
sein süßes, warmes und daher leichtes Wasser kann Hunderte von Meilen
weit im Golf verfolgt werden. Von der Floridastraße an beginnt der
eigentliche Golfstrom; bei einer Länge von mehr als 6000 geographi=
schen Meilen hebt er sich, besonders bis Kap Hatteras, zuweilen deut=
lich wie ein Fluß durch sein tiefes Blau von dem Grünblau des Ozeans
ab. Seine Geschwindigkeit beträgt bei Kap Hatteras stündlich 5 km,
nimmt aber rasch ab: auf der Breite von New York beträgt sie 2 km,
im Süden von Neufundland nur noch 1,8 km. Schon in der Florida=
straße stellt sich ihm ein Hindernis in den Weg, das er mit Hilfe des war=
men Antillenstromes, der sich mit ihm verbindet, überwindet; sein Geg=
ner ist der Ausläufer des kalten, süßeres Wasser führenden Labrador=

stromes, der an der Küste entlang nach Süden fließt, von den Amerikanern die „kalte Mauer" genannt. Auffallend ist die Wärme des Golfstromes; bei Florida beträgt sie 30°, bei Kap Hatteras 27°, bei Neufundland nur noch 20° C; sie ist hier aber immer noch 15° höher als die des umgebenden Meeres im Winter. Maury hat berechnet, daß die Wärmemengen des Golfstromes imstande sein würden, einen Strom aus flüssigem Eisen von der Größe des Mississippi in Fluß zu erhalten. Die mittlere Oberflächentemperatur des ganzen Stromes wird auf 26,5° C angegeben. Seine mittlere Tiefe mag 300 m und mehr betragen; bei Kap Hatteras ist die warme Schicht etwa 200 m mächtig. Bei Neufundland gelangt der Golfstrom in das Gebiet der Polarwasser. Zugleich breitet er sich noch weiter fächerförmig aus und besteht von da an aus meilenbreiten Streifen kalten und warmen Wassers, die sich auch durch ihre Farbe zu erkennen geben. So trifft er in einem Winkel mit dem kalten Labradorstrom zusammen, der aus der Vereinigung des Grönlandstromes und der ebenso kalten Wasser aus der Baffinbai und Davisbai gebildet wird und seine größte Mächtigkeit im Sommer entfaltet. Da sein Wasser salzreicher ist als die kalten vom Pol her kommenden, so taucht er allmählich unter, und zwar am frühesten in der Davisstraße, viel später erst in seiner östlichen Fortsetzung nach Überschreitung der Islandschwelle im Barentsmeere zwischen Nowaja Semlja, Spitzbergen und dem Nordkap, und setzt endlich seinen Lauf bis zum völligen Aufgehen in den kalten, salzigen Polwassern fort. Auch auf die Treibeisgrenze, die sich nur in seltenen Fällen bis zum 40° n. Br. verschieben kann, obwohl man vereinzelte Eisberge auch noch unter dem 37. Breitengrad angetroffen hat, wirkt der Golfstrom ein, indem er sie weit nach Norden zurückdrängt. Die ihm entgegenkommenden Eisberge (Abb. 15), die den vergletscherten nordischen Inseln, vor allem nach Meckings Feststellungen der Westküste Grönlands in der Umgebung der Diskobucht entstammen und deren mitgeführte Gesteinsmassen die große Neufundlandbank aufschütteten, haben oft eine Höhe bis zu 100 m und ragen, da nur $1/8 - 1/10$ aus dem Wasser heraussieht, mit mehreren Hundert Metern nach unten. So können sie beim Schmelzen eine große Menge Wärme binden, und der Temperaturgegensatz der Strömungen erzeugt bei ihrem Zusammenstoß jene dichten Nebel, die fast immer die Neufundlandbank bedecken und der Schiffahrt so gefährlich sind. Einem solchen Eisberg fiel auch im Sommer 1912 das Riesenschiff, die Titanic, zum Opfer. Zwar soll ein auffallendes Sinken der Oberflächentemperatur den Schiffer vor dem Herannahen von Eismassen warnen, aber solches Sinken der Temperatur beobachtet man auf den benutzten Reiselinien im Atlantischen Ozean häufiger, ohne

daß es durch Eisdriften jedesmal hervorgerufen wurde. Die Verhält=
nisse bei Neufundland liegen eben außerordentlich verwickelt. Nach Mei=
nardus kommen für die Eisverhältnisse an der Neufundlandbank die
Geschwindigkeit des Golfstroms, seine Wärmeführung und seine Ober=
flächentemperatur, die Richtung und Stärke der Luftströmungen über

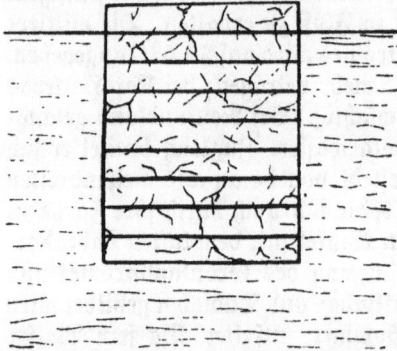

ihm, wenigstens im Winter, in
Betracht, und alle diese Faktoren
sind wieder voneinander abhän=
gig. Wie das Jahr 1912 wegen
der Eisverhältnisse ein besonders
ungünstiges für die Schiffahrt
war, so war es auch das Jahr
1903, dessen Verhältnisse Schott
genauer untersucht hat. Nach die=
sen Untersuchungen ist die abnor=
me Eisdrift des Jahres 1903
durch eine in den Monaten vor=
her eingetretene starke Golfstrom=
drift, die auch den ihr in die Flan=

Abb. 15. Schwimmender Eisberg (Schema).

ken fallenden Labradorstrom zu größerer Geschwindigkeit veranlaßt
hat, wenn nicht hervorgerufen worden, so doch begünstigt.

Schon in der Höhe des 43. Breitengrades tritt eine Gabelung unseres
Stromes ein; der eine Ast, „die Golfstromdrift", setzt seinen Lauf, wie
wir sahen, Wärme spendend, nach Norden fort, der andere wendet sich
nach Süden, umkreist die Sargassosee und fließt an den Kapverden als
Westafrikastrom zum Äquator zurück, um da den Kreislauf von vorne
zu beginnen. Da seine Wasser vergleichsweise kälter sind als die dieser
südlicheren Gebiete, wirkt er auf die Küste Portugals und Westafrikas
abkühlend ein. Den Weg von Florida bis Europa legt dieser Strom in
etwa 5½ Monaten zurück; der ganze Kreislauf wird nach Humboldts
Berechnung in etwa 34 Monaten vollendet. Eine bei Kap Verde im
Mai 1887 ausgesetzte Flasche landete erst nach fast drei Jahren an der
Westküste von Irland; man hat ihre Geschwindigkeit auf 7½ Seemeilen
pro Tag oder stündlich fast ½ km für den Fall berechnet, daß sie ihren
Weg wirklich durch das Karaibische Meer und die Straße von Florida
genommen hat.

Die Tiefenströme der Ozeane haben im allgemeinen die umgekehrte
Richtung wie die Oberflächenströme und liefern den Ersatz für die durch
diese weggeführten Wassermassen. Treffen sie auf Hindernisse, so quellen
sie als kalte Auftriebwasser in die Höhe; so entführt an der west=

afrikanischen Küste bei Kap Bojador im Gebiete des Nordostpassates der Nordäquatorialstrom eine Menge Wasser, die durch die kalten Auf= triebwasser ersetzt wird. Wo die Tiefenströme durch enge Straßen zu fließen gezwungen sind, können sie oft einen schnelleren Lauf annehmen als die Oberströme. Das beobachtete beispielweise Wharton an dem Unterstrom, der dem aus dem Schwarzen Meer durch den Bosporus in das Marmara=Meer und von da durch die Dardanellen ins Mittelmeer sich ergießenden Oberstrom entgegenfließt. Die Erscheinung wird verursacht durch den durch Einmündung großer Flüsse hervorgerufenen geringen Salzgehalt des Schwarzen Meeres; die Oberwasser sind fast süß, die Unterströmung zeigt die durchschnittliche Dichte des Mittelmeerwassers. Auch an der Westpforte des Mittelmeeres, in der nur 311 m tiefen Straße von Gibraltar, fließt an der Oberfläche das leichtere, salzärmere Wasser des Atlantischen Ozeans in das Mittelmeer hinein, während das salzreichere Wasser des letzteren Tag und Nacht sich als Tiefenstrom ins Weltmeer ergießt, und ein solcher Austausch findet wohl überall statt, wo zwei Meerbecken von ungleicher Wasserdichte durch eine enge Pforte miteinander in Verbindung stehen, so auch zwischen Nord= und Ostsee durch Skagerrak und Kattegatt; diese Unterwasserströmung ist es auch, der nach Prof. Pettersens Ansicht die ungeheuren Heringsschwärme in die Ostsee folgen.

Wie in den genannten Binnenmeeren, so wälzen sich auch beständig auf dem Grunde der offenen Ozeane die kalten Ausgleichwasser von den Polen zum Äquator fort. Nur unterseeische Schwellen halten ihren Lauf auf. Ein lehrreiches Beispiel liefert der zwischen Island und den Fa= roer=Inseln sich hinziehende Rücken, der durchschnittlich nur etwa 580 m unter der Oberfläche liegt. In ihm befindet sich eine tiefere Furche, die Faroer=Shetland=Rinne, die die mehr als eiskalten Polarwasser auf ihrem Drängen nach Süden geschaffen haben. Quer durch sie zieht aber ein Querriegel, der berühmte Wyville Thomson=Rücken, und die folgen= den Temperaturen, die Prof. Schott auf der Valdivia fand, zeigen, wie groß der Einfluß des über diesen Rücken sich drängenden Golfstroms ist.

		Südlich vom Thomson=Rücken		Nördlich	
in	0 m Tiefe	10,9°		9,8°	
„	100 „ „	9,7°		7,8°	
„	200 „ „	9,7°		7,6°	
„	300 „ „	9,6°		6,8°	
„	400 „ „	9,6°	Warmer	8,2°	Kalter
„	500 „ „	9,0°	Unterstrom	0,4°	Unterstrom.

Aber neben diesen horizontalen Bewegungen der Wassermassen voll=

zieht sich infolge von Verdunstung und Abkühlung der Oberflächenschichten auch überall und fortwährend ein Ausgleich in senkrechter Richtung, allerdings nicht als sichtbare Strömung, sondern viel langsamer, in der Schnelligkeit fast unmeßbar. Er bewirkt zusammen mit den eben genann= ten sich langsam von den Polen her nach dem Äquator wälzenden kalten Tiefenströmen, durch das Aufwärtssteigen ihres kalten Wassers haupt= sächlich in den Äquatorialgegenden, sowie dort, wo die Winde das wär= mere Oberwasser wegdrücken oder Ströme es entführen, die auffallende Gleichmäßigkeit in der Zusammensetzung des Salzgehaltes in den Welt= meeren; durch einen solchen Ausgleich in senkrechter Richtung wird über= haupt erst die Existenz der Tiefenbewohner möglich, denen die Vertikal= ströme nicht nur Nahrung, sondern auch Lebensluft zuführen, denn es hat sich herausgestellt, daß die Tiefenwasser genau so viel Luft enthalten wie die der Oberfläche, eine Erscheinung, die uns mit Notwendigkeit zu der Annahme zwingt, daß ein beständiger Austausch zwischen beiden statt= finden muß und, wie wir sahen, auch wirklich stattfindet.

VI. Abschnitt.

Licht und Druck in der Tiefsee, Bestandteile, Dichte und Farbe des Meerwassers.

„Einer der wichtigsten und tätigsten Arbeiter im großen Labora= torium der Natur ist das Sonnenlicht. Unter seinem Einfluß wird an= organische Materie in organische umgesetzt, und so beruht in letzter Linie alles Leben auf Erden auf seiner Gegenwart" (Marshall). Un= tersuchungen über die Lichtverhältnisse der Tiefsee wurden bereits in den vierziger Jahren angestellt. Je tiefer wir ins Meer hinabsteigen, desto dunkler wird es um uns. Anfangs geht diese Lichtabnahme lang= sam vor sich; das Auge kann bis zu 20 m tief liegende Gegenstände noch erkennen, vermöchte dort unter Umständen sogar noch zu lesen. In diesen geringen Tiefen enthüllt sich dem Auge die ganze Farben= pracht der Tier= und Pflanzenwelt des Meeres, der „Gärten Posei= dons"; wer kennt nicht die begeisterten, farbenglühenden Schilderungen Haeckels über die Korallenhaine im Roten Meere und an den Küsten von Ceylon? Nur ausnahmsweise, bei besonders ruhigem Wetter, guter Beleuchtung und ganz klarem Wasser, vermag das menschliche Auge noch tiefer, etwa bis zur äußersten Grenze von 60 m, wie in der Sar= gassosee beobachtet wurde, zu dringen und größere Gegenstände am Boden wahrzunehmen.

Man versuchte zunächst die Durchlässigkeit der Meeresschichten für das Licht durch Versenken von weißen und anders gefärbten Platten zu ermitteln. Aber die Tiefe, in der die Scheiben sichtbar bleiben, ist örtlich großen Schwankungen unterworfen: sie liegt im Mittelmeere zwischen 32 und 60 m und steht natürlich in engem Zusammenhang mit der Menge der unorganischen oder organischen im Wasser gelösten oder schwebenden Stoffe. Da die kälteren Meere im allgemeinen reicher an schwebenden Organismen sind und sich auch langsamer selbst reinigen, sind sie auch weniger durchsichtig als die der tropischen Gebiete. Um diese Schwankungen festzustellen, machte vor einigen Jahren Angelini Versuche mit verschieden gefärbten Scheiben in den Lagunen Benedigs und im Golf von Gaeta und beobachtete, daß die weiße Scheibe dort schon in 2 m Tiefe, im Golf aber erst viel tiefer verschwand. Von den verschiedenen Platten blieb die weiße am längsten sichtbar; zuerst verschwand die rote, darauf die blaue; das Meerwasser verschluckt also die roten Strahlen am meisten, daher erklärt sich auch seine grünblaue Farbe. Die Plattenversuche sind wegen ihrer Ungenauigkeit von nur geringerem Werte; sie geben nur Aufschluß über sehr wenig mächtige Wasserschichten, da die Tafeln dem Auge bald entrückt sind. Da aber wandte Forel zuerst im Genfer See photographische Platten an, die ins Wasser versenkt wurden. Es zeigte sich, daß schon in 100 m Tiefe das Licht auf die Platten nicht mehr einwirkte. Das Mittelländische Meer hat eine größere Durchsichtigkeit; Versuche, die auf Forels Anregung von Fol und Sarrasin dort angestellt wurden, zeigten, daß erst in etwa 480 m Tiefe keine Schwärzung der Platten mehr eintrat. Bei durchschnittlich 170 m konnte aber noch deutlich eine Wirkung des Sonnenlichtes nachgewiesen werden, bei 380 m Tiefe kaum noch; es dürfte dort das Licht demnach nur so stark sein, wie bei uns in einer Sternennacht zur Zeit des Neumondes. Später hat v. Petersen einen photographischen Apparat hergestellt, der ermöglichte, die sehr empfindliche Platte in jeder beliebigen Tiefe zu exponieren; er setzte sie an einem hellen Novembertage bei Capri längere Zeit in einer Tiefe von 500 m aus und konnte noch eine deutliche Schwärzung nachweisen. Spätere Versuche wiesen das Eindringen chemisch wirksamer Lichtstrahlen in noch etwas größere Tiefen (550 m) nach.

Diese geringen Lichtmengen sind aber für die vor allem auf das Sonnenlicht angewiesenen Pflanzen viel zu gering; schon bei 150 m Tiefe dürfte das Pflanzenleben fast ganz aufhören, und in größerer Tiefe würde man nur noch farbstofflose niedere pflanzliche Organismen vorfinden. Eine Ausnahme macht nur die später noch zu erwähnende grüne

Alge Halosphaera. Trotzdem müssen wir annehmen, daß auch in viel bedeutenderen Tiefen eine gewisse Beleuchtung vorhanden ist; die Augen der Tiefseetiere, ihre Farben zwingen uns mit Notwendigkeit dazu. Es wird später Gelegenheit sein, auf diesen Punkt noch genauer einzugehen. Es lag der Gedanke nahe, nach der im letzten Jahrzehnt erreichten Vervollkommnung der Photographie Momentaufnahmen von den in geringer Tiefe lebenden Meerestieren zu machen. Mit Hilfe wasserdicht und druckfest verschlossener, sehr empfindlicher Platten, die über Rollen laufen, sind verschiedene Versuche in dieser Richtung gemacht worden und haben ganz ermutigende Erfolge gehabt. Auf einer der von seiten der Franzosen in Banyuls-sur-Mer hergestellten submarinen Photographien sind vor dem aufgestellten Schirm vorbeiziehende Fische so scharf abgezeichnet, daß man ihre Schuppen zählen kann. Es scheint demnach die Photographie berufen zu sein, in Zukunft ein wichtiges Hilfsmittel für die biologischen Erforschungen der Oberflächenfauna zu werden.

Den Versuchen der Menschen, persönlich in die Tiefen des Meeres vorzudringen und dort an Ort und Stelle seine Wunder zu betrachten, wird gar bald ein energisches Halt zugerufen. Nur geübte Taucher vermögen in größere Tiefen als 20 m einzudringen und dort auch nur wenig über eine Viertelstunde zu verweilen, da bald die feinen Gefäße der Haut zerreißen. Es wird erzählt, daß der Taucher Deschamp, der im Jahre 1866 einen 70 m tief gesunkenen Dampfer untersuchen wollte, aus 60 m Tiefe bewußtlos heraufgezogen werden mußte. Im Vergleich mit den kolossalen Abgründen im Meer sind also dem persönlichen Eindringen seitens des Menschen äußerst enge Grenzen gezogen.

Bekanntlich lastet unsere Lufthülle auf jedem Quadratzentimeter unseres Körpers mit einem Gewichte von ungefähr 1 kg; diesen Druck nennen wir kurz eine Atmosphäre. Der Druck im Wasser nimmt nun sehr rasch zu. Das Meerwasser ist wegen seines Salzgehaltes etwas schwerer als das Flußwasser; man kann sagen, daß von 10 zu 10 m der Druck in den Meerestiefen um rund eine Atmosphäre zunimmt. Das macht in 100 m Tiefe schon einen mehr als zehnmal größeren Druck als an der Oberfläche, und in den größten Tiefen der Ozeane, die ja ungefähr 9000 m betragen, lastet auf jedem Quadratzentimeter ein Druck von über 900 Atmosphären. Davon können wir uns schwer eine Vorstellung machen. Schon in 1000 m Tiefe ist der Wasserdruck so groß, daß eine hölzerne Kugel auf die Hälfte ihres ursprünglichen Volumens zusammengepreßt wird, und man hat berechnet, daß ein Taucher, der in die Tiefe von 3560 m hinabsteigen würde, ein Gewicht auf seinem Körper zu tragen haben würde, das dem von mehreren Hundert der schwersten Lokomotiven gleichkäme. Die Tiefseeinstrumente müssen natürlich für diesen enormen Wasserdruck entsprechend eingerichtet und reguliert sein, und doch ist es vorgekommen, daß die durch metallene Kapseln geschützten Thermometer, die in große Tiefen hinabgelassen wurden, vollständig zertrümmert wieder an die Oberfläche kamen. Man war früher allgemein der Ansicht, daß das Tiefseewasser durch die darüber liegenden Schichten so zusammengepreßt würde, daß es ein bedeutend höheres spezifisches Gewicht erlange als das Oberflächenwasser. Danach würden Gegenstände, die ins Meer gefallen sind, gar nicht bis auf den Grund gelangen, sondern je nach ihrem Gewichte in irgend einer Schicht, die spezifisch geradeso schwer wäre wie sie selbst, schweben müssen. Demgegenüber ist aber nachgewiesen, daß das Wasser selbst durch den ungeheuren Tiefseedruck von seinem Volumen nur einen ganz geringen Bruchteil verliert, der in 9000 m z. B. nur ungefähr $1/_{24}$ betragen würde. Das Gewicht des Tiefenwassers stellt also den im Meer versinkenden Gegenständen kein Hindernis entgegen; aber ob sie wirklich auf dem Grund ankommen, das ist eine andere Frage. Die organischen Stoffe werden wohl im Magen der Milliarden von Meerestieren ihr Grab finden, und es ist wahrscheinlich, daß von den anorganischen nur wenige auf die Dauer der Zersetzung durch das Seewasser und den in ihm wirkenden chemischen Kräften widerstehen können. Immerhin wird durch diesen Druck die Dichte des Meerwassers, die gewöhnlich 1,024 bis 1,028 beträgt, in der Tiefe von 350 m auf 1,0446 erhöht. — Die Tiere, die, wie wir heute wissen, noch in Tiefen vorkommen, die man früher für unbewohnt halten mußte, können biesen Druck deshalb ohne alle Beschwerde aushalten, weil ihm in ihrem Körper ein gleich großer entgegensteht. Es ist nur fraglich, ob sich der Stoffwechsel bei diesen Tieren geradeso vollzieht wie bei denen, die unter ungleich geringerem Druck nahe der Oberfläche leben; aber das ist ein Punkt, über dem bis heute noch vollkommenes Dunkel herrscht und worüber wir auch nur schwerlich Aufklärung erhalten werden, da wir derartige Untersuchungen nur an heraufgeholten Tieren anstellen können, bei denen der abnehmende Druck fast immer alle Gewebe zerrissen hat.

Die Dichte des Meerwassers hängt in erster Linie, wenigstens nahe der Oberfläche, von seinem Salzgehalt ab. Auf sie wirken deshalb einerseits Verdunstung, andererseits einmündende Flüsse, schmelzende Eisberge und Niederschläge ein, die den Salzgehalt entweder vermehren

ober das Wasser versüßen; die Deutsche Südpolar=Expedition stellte
fest, daß unter 5° und 10° nördlicher Breite eine starke Abnahme des
Salzgehaltes des Oberflächenwassers infolge der damals gerade herr=
schenden Regenzeit eintrat. Der Salzgehalt aller Meere beträgt durch=
schnittlich 3,53%; man hat ausgerechnet, daß dieses Salz, wenn es
auf irgendeine Weise ausgeschieden werden könnte, den Meeresgrund
mit einer 57 m dicken Schicht bedecken würde. Die Küstenwasser sind
im allgemeinen salzärmer, besonders in der Nähe der Mündungen
großer Flüsse. Auch Rand= und Mittelmeere haben gewöhnlich süßeres
Wasser, weil die einmündenden Flüsse solches zubringen. Ein gutes
Beispiel bietet die Ostsee, deren Salzgehalt nach Osten immer mehr
abnimmt. Im Skagerrak finden wir noch 3%, im Kieler Hafen 1,05%,
bei Bornholm 0,7%, am Eingang zum Bottnischen Meerbusen 0,4%,
nnd bei Kronstadt ist das Wasser mit 0,1% fast trinkbar. Auch das
Schwarze Meer hat seiner starken Zuflüsse halber nur einen Salzge=
halt von 1,5 bis 1,8%. Binnenmeere dagegen, die starke Verdunstung
bei geringem Zufluß haben, sind salzreicher; so zeigt das Mittelmeer
mehr als 3,7%, im Osten bei Kreta sogar 3,95%, und beständig durch=
läuft vom Ozean her ein starker Oberflächenstrom die Straße von
Gibraltar, bestrebt, den Unterschied auszugleichen. Das Rote Meer
gleicht geradezu einer Salzpfanne; fast abgeschlossen vom Ozean, ohne
nennenswerte Zuflüsse, dabei mit enormer Verdunstung durch die sen=
genden Strahlen der Sonne, hat es einen Salzgehalt von 4,08%,
im Suezkanal stellenweise sogar fast 6%. Auch in den offenen Ozeanen
sind Salzgehalt und Dichte an der Oberfläche nicht überall gleich; die
Schwankungen sind hier auf dieselbe Ursache zurückzuführen. Die von
Buchanan entworfenen Karten zeigen, daß der Salzgehalt in den nie=
derschlagsarmen und starker Verdunstung ausgesetzten Passatzonen nörd=
lich und südlich vom Äquator am größten ist; nach dem Äquator und
den Polen zu wird das Wasser wieder süßer, weil hier Niederschläge
der Verdunstung das Gleichgewicht halten oder sie gar übertreffen.
Die Salzarmut des nördlichen Polarmeeres wird aber nicht allein durch
die Niederschläge verursacht, sondern nach Woeikoff auch durch die Flüsse,
die im Frühjahr viel Süßwasser liefern; dieses friert im Winter wieder
und kann sich deshalb mit den schwereren und salzhaltigen Tiefen=
wassern nie so mischen, daß eine gleichmäßige Zusammensetzung des
Polarwassers eintreten kann. Die mächtigere Entwicklung der Passat=
zonen auf den offeneren Ozeanen der südlichen Halbkugel bewirkt auch,
daß die südlichen Teile des Atlantischen und Stillen Ozeans salzrei=
chere Oberflächenschichten haben als die ihnen entsprechenden nördlichen.

Der Atlantik hat in seinem nordäquatorialen Gebiet höheren Salz=
gehalt als die anderen Weltmeere wohl auch aus dem Grunde, weil
er einen beständigen Zufluß aus den salzigen Mittelmeeren der Alten
und der Neuen Welt erhält. Aus den tieferen Schichten holt man das
Meerwasser mit sinnreich konstruierten Schöpfflaschen und Schöpfap=
paraten zur Untersuchung heraus. Die Unterschiede des Salzgehaltes
an der Oberfläche sind in einer Tiefe von wenig hundert Metern fast
verschwunden; etwas Ähnliches hörten wir ja von der Wärme. Von
da an bleibt der Salzgehalt ziemlich konstant; bis zur Tiefe von 2000 m
findet eine geringe Abnahme und von da bis zum Grunde eine eben=
so geringe Zunahme statt. Der Salzreichtum der Bodenschichten ist
gleichmäßig 3,45 bis 3,55%; abgeschlossene Rand= und Binnenmeere
führen in den Tiefen meist salzreicheres Wasser. So zeigt die Ostsee
bei Kiel an der Oberfläche 1,65%, in der Tiefe etwa 2,5% Salz=
gehalt. Was die Natur der im Seewasser aufgelösten Stoffe anbelangt,
so hat man bis jetzt mehr als 30 Elemente in ihm nachgewiesen, ein=
zelne allerdings nur in sehr geringen Mengen. Ihre Anwesenheit er=
teilt dem Seewasser jenen bitteren, zum Erbrechen reizenden Geschmack,
der es zum Trinken untauglich macht. Ist so der Gehalt an Salz recht
ungleich, so ist doch die Art der Zusammensetzung im allgemeinen recht
gleichförmig, so daß es nur nötig ist, die Menge beispielsweise des
Chlors zu bestimmen, um aus ihr dann den Gehalt an Kochsalz zu be=
rechnen; die anderen Stoffe kann man bei der Bestimmung des Salz=
gehaltes dann ganz vernachlässigen. Wenn man eine Menge Seewasser
verdunsten läßt oder eindampft, erhält man einen trockenen Rückstand,
von dem je 100 g sehr gleichmäßig enthalten:

Kochsalz	78,32 g	Gips	3,94 g
Chlormagnesium	9,44 „	Chlorkalium	1,69 „
Bittersalz	6,40 „	Andere Bestandteile	0,21 „

Unter den geringfügigen Beimengungen befinden sich Jod= und Brom=
verbindungen, geringe Mengen von Mangan, Blei, Silber, Zink, Kup=
fer usw., aber auch Edelmetalle, wie Silber und Gold, die wohl aus
den vom festen Lande vom fließenden Wasser abgewaschenen Sedimen=
ten, möglicherweise aber auch von Erzgängen, die unter Wasser hervor=
treten, herrühren. Freilich ist die Menge sehr gering, etwa 0,006 g
Gold im Werte von 1,668 Pfennig sind in 1000 l enthalten; aber man
hat berechnet, daß, wenn die gesamte Goldmenge des Meeres unter
die Erdenbewohner verteilt würde, auf jeden etwa 3½ Millionen Mark
kommen würden. Es ist nur gut, daß die Aussichten auf Hebung dieses
Schatzes so gering sind. Jod= und Bromverbindungen werden durch Al=

gen aufgenommen und bei deren Absterben am Grunde des Meeres
aufgespeichert, von wo sie gelegentlich durch Auftriebwasser wieder em=
porgehoben werden; letzteres gilt auch von der salpetrigen Säure der
Tiefenwasser, die dort aus den Milliarden verwesender Tierleichen mit
Hilfe von Bakterien sich bildet und später, durch aufwärts gerichtete Strö=
mungen des Wassers an die Oberfläche gebracht, von den Pflanzen wieder
aufgenommen wird.

Was die im Meerwasser gelösten Gase anbelangt, so ist ihre Art
und Menge je nach der Örtlichkeit, der Anzahl der Tiere oder pflanz=
lichen Organismen sehr verschieden, und wir sind noch weit davon ent=
fernt, alle die diese Verteilung bestimmenden Gesetze zu erkennen. Es
kommen hierbei hauptsächlich Luft, bekanntlich aus Stickstoff und Sauer=
ston bestehend, Kohlendioxyd und Schwefelwasserstoff in Betracht. Die
Luft ist im Meerwasser löslich, aber es wird dort mehr Sauerstoff auf=
gelöst (35 : 65) als in der Atmosphäre (21 : 79) im Vergleich zu Stick=
stoff enthalten ist. Je kälter das Wasser ist, um so mehr Luft und
Sauerstoff kann es aufnehmen; deshalb steigt der Gehalt an beiden
mit zunehmender Tiefe. Der Gehalt an Luft wird durch die Bestim=
mung der Stickstoffmenge festgestellt. Versuche haben festgestellt, daß
der Sauerstoffgehalt bei hauptsächlich animalischer Besetzung des Plank=
tons durch Atmungsverbrauch bald sehr gering wird, während bei haupt=
sächlich vegetabilischer Zusammensetzung durch die Spaltung der Kohlen=
säure durch die Pflanzen oft Sauerstoff in Überfluß erzeugt wird. Was
die Kohlensäure anbetrifft, das Produkt der tierischen Atmung, so war
man noch vor wenigen Jahren ganz allgemein der Ansicht, daß in den kal=
ten Tiefen der Ozeane durch den ungeheuren Druck eine große Menge
dieses Gases aufgespeichert sein müsse, zumal die wärmeren Meere ärmer
daran sind als die kalten, und man erklärte auch daraus die große
Kalkarmut der Tiefen, die sich in den immer dünner werdenden Kalk=
panzern der Tiere und in dem Fehlen der Foraminiferenschalen in
großen Tiefen zu erkennen gibt. Zahlreiche Analysen haben aber er=
geben, daß der Gehalt der Tiefenwasser an Kohlensäure ziemlich ge=
ring ist, jedenfalls nicht genügend, die Mengen von Kalkarbonat in
Lösung zu halten. Es ist möglich, daß letzteres dort durch uns noch
unbekannte Prozesse in das schwerlösliche Kalksulfat oder Gips über=
geführt ist, den ständigen Begleiter unserer aus dem Meerwasser ab=
geschiedenen Steinsalzlager. Bei Untersuchungen der Stickstoffmengen
in den Tiefenwassern fiel vor allem auf, daß dort eine viel größere
Menge Stickstoffs im Vergleich mit der der Oberflächenwasser gefunden
wurde; die Verteilung beider Gase ist also auch im Tiefenwasser anders

als in der Luft, wo nur rund fünfmal so viel Stickstoff wie Sauerstoff
vorhanden ist. Diese auffallende Menge Stickstoff kann nicht allein den
Sinkstoffen entstammen, die die Flüsse dem Meere zuführen, auch nicht
den Körpern abgestorbener Organismen, sondern entsteht nach Beneckes
und Keutners Untersuchungen durch die Tätigkeit von Bakterien, die,
wohl ähnlich denen der Wurzelknöllchen unserer Hülsenfrüchte, direkt
Stickstoff aus Nitriten und Ammoniak hervorbringen können. Ferner
konnte Richard durch Vergleich mit den Oberflächenschichten feststellen,
daß die Luftmenge in großen Meerestiefen unabhängig vom Druck und
nur deshalb etwas größer ist, weil die tiefere Temperatur das Wasser
aufnahmefähiger macht. Der Schwefelwasserstoff, ein Verwesungspro=
dukt, ist giftig und kann sich in Meeresteilen, die ohne Ausgleichströ=
mungen sind, in der Tiefe ansammeln, so z. B. im Schwarzen Meere.

Vornehmlich die Beimengungen der oben genannten Salze bewirken,
daß das Meerwasser schwerer und daher tragfähiger ist als das süße
Wasser; 1000 ccm von ersterem wiegen nicht 1000 g, sondern 1024
bis 1028 g, so daß das spezifische Gewicht des Meerwassers bei Zim=
mertemperatur 1,024 bis 1,028 beträgt. Es wird bestimmt mit Hilfe
fein graduierter Aräometer. Der Salzgehalt bewirkt aber auch, daß das
Seewasser weniger leicht gefriert, in ruhigem Zustande, bei etwa —
2,55° C, bei bewegter Oberfläche bei noch größerer Abkühlung. Das
Salz wird beim Gefrieren größtenteils ausgeschieden, vermehrt so das
Gewicht der noch nicht fest gewordenen unteren Schichten und läßt sie
noch schwerer gefrieren. Ein Teil des Salzes bleibt jedoch zwischen den
Eiskristallen eingeschlossen und bewirkt dadurch, daß das Schmelzwasser
des Meereises nicht genießbar ist. Das Eis der Polargegenden ist entweder
aus Süßwasser gebildetes Gletschereis, das im Norden von vergletscherten
Landmassen in Grönland, Franz=Joseph=Land, Spitzbergen u. a. stammt
und in Gestalt von Eisbergen in der Richtung nach dem Äquator fortge=
führt wird, oder es ist aus salzigem Wasser gebildet und bedeckt so als
Packeis die unwirtlichen Polargebiete. Dem Salzgehalt des Meerwassers
gegenüber verhalten sich die Tiere verschieden. Es ist bekannt, daß manche
Süßwasserfische (Lachs, Aal usw.) sowohl im süßen als auch im sal=
zigen Wasser zu leben vermögen und Wanderungen aus einem ins
andere unternehmen, andere (Hecht, Barsch) können leicht an Seewasser
gewöhnt werden; gewisse Seefische (Flunder, Scholle usw.) wandern
weit in die Mündungen der Flüsse hinein. Interessant ist die Ver=
breitung der Tiere in der Ostsee, die, wie wir sahen, im Osten fast
ganz süßes Wasser hat, was sich dadurch zu erkennen gibt, daß mit
dem Fortschreiten nach Osten der Artenreichtum und die Zahl der In=

dividuen geringer wird, wobei zugleich die einzelnen Arten an Größe abnehmen und teilweise zwerghaft werden.

Mit dem Salzgehalt steht auch die Farbe des Meerwassers in engem Zusammenhang. Auf sie wirken aber außerdem noch manche andere Faktoren ein, wie die Tiefe des Wassers und die Farbe des Grundes, die Stärke der Beleuchtung und die Stellung der Sonne, Durchsichtig= keit, Temperatur und Bewegung des Wassees und in ihm schwebende mineralische und organische Körperchen. Je durchsichtiger und klarer das Wasser ist, um so reiner blau ist seine Farbe; je undurchsichtiger, desto mehr ist die Neigung zu grün vorhanden. Um die Farbe des Meerwassers festzustellen, hat man einen Lichtstrahl durch eine meter= lange, innen geschwärzte und mit Seewasser gefüllte enge Röhre fallen lassen, und man beobachtete eine prachtvolle blaugrüne Färbung, die also als seine eigentliche Farbe zu betrachten ist und wahrscheinlich her= vorgerufen wird durch feine, in ihm schwebende Staubflitterchen, die das Sonnenlicht zurückwerfen. Als Maßstab für die Färbung des Meer= wassers dient die Forelsche Skala, bestehend aus einer Reihe von Lö= sungen eines blauen Kupfersalzes, denen genau nach Prozenten bestimmte gelbe Chromlösungen beigemischt werden. Die hohe See ist in der Regel tiefblau gefärbt. Das reinste Blau zeigt der Atlantische und Stille Ozean, der Indische Ozean besitzt eine mehr grünliche Grundfarbe, ebenso die kalten Polarwasser. In salzreicheren Binnenmeeren, wie im Mittel= meer, steigert sich das Blau zu Ultramarin, in salzärmeren, wie in der Ostsee, neigt es mehr zu Grün. Doch der Salzgehalt ist nicht allein für die Färbung maßgebend; Andere Färbungen können durch anorgani= sche Beimengungen entstehen. Ersteres findet öfters an den Flußmün= dungen statt, wo das Wasser durch die mitgeführten Schlammteilchen gelbbraun gefärbt wird; das Gelbe Meer hat bekanntlich von den Löß= massen, die der Hoangho dort abladet, seinen Namen. Anderseits kann das massenhafte Auftreten mikroskopisch kleiner Planktonorganismen aus dem Tier= und Pflanzenreich zeitweise die grünblaue Färbung in purpurrote und andere Farbentöne verändern; das Rote Meer hat möglicherweise seinen Namen von dem Auftreten einer roten Fa= denalge (Trichodesmium) erhalten, während, nebenbei gesagt, das Schwarze Meer den über ihm so häufig schwebenden dunklen Sturm= und Gewitterwolken oder seiner Ungastlichkeit seinen Namen verdanken soll. Die mikroskopisch kleinen einzelligen Wesen, besonders Peridinium= arten, färben durch ihr massenhaftes Auftreten zeitweise ganze Meeres= teile rot, wie schon Darwin bekannt war. Auf deren Anwesenheit be= ruhte auch die Rotfärbung des Meeres, die im Herbst 1898 bei Rhode

Island beobachtet wurde, und es ist nicht unmöglich, daß das damals dort erfolgte Absterben der Fische mit diesen Organismen im Zusammenhang stand. Man schätzte ihre Zahl auf 5880 in 1 ccm Wasser. Auch Carter hat als Ursache der Rotfärbung des Meeres um Bombay ein Peridinium (P. sanguineum) beschrieben. Manchmal können Bakterien durch ihre ungeheure Anzahl die oberflächlichen Schichten färben; so wird im Indischen Ozean manchmal eine schneeweiße Färbung (Milchmeer) beobachtet, die durch einen Leuchtbazillus (Bacillus phosphoreus) hervorgerufen wird.

VII. Abschnitt.
Netze und andere Fangwerkzeuge.

Wenn wir die Entwicklung der systematischen Meeresforschung verfolgen, so dürfen wir uns nicht wundern, daß sie im Anfange des 19. Jahrhunderts nur sehr langsame Fortschritte machte. Trotzdem gerade in den letzten Jahrzehnten, dank der emsigen und hingebenden Arbeit vieler Gelehrter, unsere Kenntnis in dieser Hinsicht sich außerordentlich vermehrt hat und der Schleier von manchen der — wie es schien — gar nicht lösbaren Geheimnisse der Tiefsee genommen worden ist, beherbergt sie deren noch eine unabsehbare Menge. Im Vergleich mit den Anschauungen im Anfang des verflossenen Jahrhunderts sind aber die Fortschritte auf unserem Gebiete geradezu bewunderungswert. Man muß bedenken, daß es im Anfang eben an allem fehlte, an den nötigen, gerade für diesen Zweck vorgebildeten Gelehrten und deshalb an der nötigen Literatur, an Apparaten und Maschinen, an Fangwerkzeugen und Fangmethoden. Dagegen gab es eine Menge falscher vorgefaßter Meinungen, die erst über den Haufen geworfen werden mußten, bevor man an den Aufbau neuer Lehren ernstlich denken konnte. Das galt nicht zum mindesten in bezug auf Fragen, die das organische Leben in den Tiefen angeht; hatte doch Forbes auf Grund seiner damaligen Kenntnisse den überall angenommenen Grundsatz aufgestellt, daß unter 500 m jedes organische Leben aufhören müsse.

Hand in Hand mit den Fortschritten der zoologischen Durchforschung der Meere ging naturgemäß die Entwicklung der Fangwerkzeuge und Fangmethoden. Es gibt heute für diese Zwecke eine große Zahl sehr sinnreich gebauter Netze. Wir können darauf hier nur so weit eingehen, als es der beschränkte Raum gestattet. Man teilt die Netze ein in Boden- oder Schleppnetze und in Schwebenetze. Erstere (Abb. 16), aus den einfachen Hilfsmitteln der Austern- und Schwammfischer hervor-

gegangen, werden über den Meeresgrund gezogen. Im Anfang eine
Kratze mit daranhängendem Sack, wurde das Scharrnetz (als Dredſche
und Trawl unterſchieden) von O. F. Müller in die Wiſſenſchaft einge=
führt, von Ball, Sigsbee und Agaſſiz verbeſſert und beſteht jetzt aus
einem zipfelförmigen Netz mit Maſchen von verſchiedener Feinheit, in
das auf der Reiſe des „Challenger" noch ein zwei=
tes unten offenes eingeſenkt wurde, ſo daß das
Ganze einer Reuſe gleicht. Das Netzwerk iſt in
einem aus zwei U=förmigen und miteinander ver=
bundenen Bügeln beſtehenden Rahmen aufge=
hängt, die es ſchützen und vor dem Umſchlagen
bewahren ſollen. Eine von der Netzöffnung ge=
ſpannte Kette oder eine Stange ſcharrt bei der
Dredſche den Bodenſatz zuſammen, während ſich
in den angehängten Quaſten manche Seetiere fan=
gen. Je nach der zu erwartenden Tiefe werden
größere oder kleinere, aber ſchwerere Schleppnetze
verwendet. Würde nun aber das Schleppnetz ein=
fach hinabgelaſſen, ſo würde es bald ins Treiben
geraten und gar nicht oder ſehr ſpät erſt den Grund
erreichen. Um dem vorzubeugen, werden in ge=
wiſſer Entfernung von dem Netz an dem Stahl=
draht, der das früher gebräuchliche Hanfſeil ganz
verdrängt hat, Gewichte befeſtigt, die es ſchnell
hinabziehen und es richtig legen. Die Quaſten=
dredſche beſteht aus einer Anzahl an einem Rah=
men befeſtigter Hanfbüſchel.

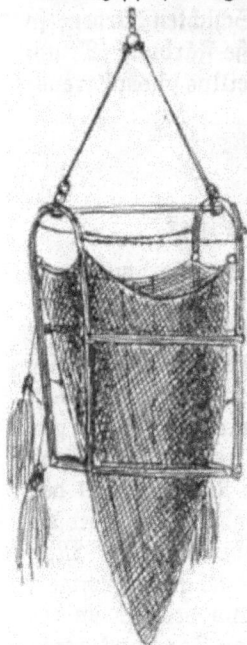

Abb. 16. Schleppnetz.

Die Schwebenetze ſollen die Organismen fangen, die im Meere
frei ſchweben. Die Planktonnetze in ihrer urſprüglichen Geſtalt ſind eigent=
lich keine Fangwerkzeuge, ſondern Filtrier= oder Seiheapparate, mit denen
man aus einer beſtimmten Menge Waſſers die kleinen organiſchen Lebe=
weſen herausfiſcht. Über einem Rahmen von bekanntem (1000 qcm)
Flächeninhalt wird ein Zeugtrichter angebracht, der in ein unter ihm
angebrachtes Netz von feinſter Müllergaze führt. Sehr kleine Lebeweſen,
Eier, Larven uſw. können aber doch noch durch die feinen Maſchen hin=
durchſchlüpfen, deshalb befindet ſich darunter noch ein eimerartiger Beu=
tel aus demſelben Tuche. Dieſer ganze Apparat wird nun in die ge=
wünſchte Tiefe hinabgelaſſen und dann ſenkrecht heraufgezogen, ſo daß
in ihm der ganze Inhalt der durchfiſchten Waſſerſäule in einem unten
angebrachten Eimerchen zurückbleibt und entweder in Alkohol oder einer

anderen Flüssigkeit konserviert oder gleich gezählt und bestimmt werden kann, wofür sogar besondere Apparate konstruiert sind, auf die wir hier nicht weiter eingehen wollen.

Zurzeit, wo sich ein großes Interesse gerade den in verschiedenen Abständen von der Oberfläche frei schwebenden Organismen zugewendet hat, verdient das Schließnetz (Abb. 17) besonderer Erwähnung, um dessen Konstruktion sich vor allem Chun, der Leiter der Valdivia=Expedition, verdient gemacht hat. In seiner heutigen Gestalt besteht das Schließnetz aus einem an einen Klappbügel hängenden zipfelförmigen Sack, der oberhalb seiner Öffnung einen sehr sinnreichen Mechanismus trägt. Sein Hauptbestandteil ist eine fein gearbeitete Flügelschraube oder ein Propeller, eine Schiffsschraube in verkleinertem Maßstab, die so gestellt werden kann, daß sie sich, nachdem das Netz eine gewisse Wasserschicht, sagen wir von 2500 bis 2900 m, durchlaufen hat, selbsttätig auslöst und ein Schließen des Netzes bewirkt. Einfacher und deshalb bequemer ist das Nansensche Schließnetz, bei dem der Verschluß durch eine etwa um die Mitte des Beutels laufende Schlinge bewirkt wird, die man von oben her zuzieht, sobald die gewünschte Wasserschicht durchfischt ist.

Zum Schluß wollen wir neben dem Vertikalnetz, das hinabgelassen wird und beim Hinaufziehen alle Schichten durchfischt, die eigentümlichen Tiefseereusen, die der um die Meeresforschung so verdiente Fürst von Monaco gebaut hat, kurz erwähnen. Ihre Wirksamkeit beruht auf der Anziehung, die das Licht auf alle Dunkelbewohner, also auch auf die Tiefseetiere, ausübt. Dieser Fangapparat besteht aus einem Kasten aus Drahtgitter, in dessen Inneres fünf allmählich sich verengernde reusenartige Öffnungen führen. In der Mitte ist eine elektrische Glühlampe angebracht, für die einige in einem Kasten am Boden befindliche Elemente den Strom erzeugen. Damit sie aber nicht durch den großen Wasserdruck zerstört werde, besorgt ein an dem Kasten angebrachter und mit Luft gefüllter Ballon den Ausgleich des Druckes. Der ganze Apparat wird ins Meer hinabgelassen, seine Lage durch eine Boje bezeichnet, und nach einiger Zeit, oft erst nach 24 Stunden, wieder an die

Abb. 17.
Schließnetz,
geöffnet.

Oberfläche gewunden, und man hat gute Erfolge mit ihm erzielt. Andere Tiefseereusen enthalten nur Köder für die zu fangenden Tiere.

Das Fischen mit derartigen schweren Apparaten verlangt viel Ar=

beit, bietet aber den dabei Beteiligten oft eine Menge dankbarer Überraschungen, nicht selten aber auch Enttäuschungen. Um $\frac{1}{2}7$ Uhr morgens versenkte die „Valdivia" an der Südwestküste Afrikas das Schleppnetz in die Tiefe, um 12 Uhr erreichte es bei 5500 m den Grund, wurde dort eine Stunde lang gezogen und war erst um 7 Uhr abends wieder an Bord. Und was enthielt es? Kaum ein einziges lebendes Wesen, lauter Schlamm und steinartige Gebilde! Die Last, die die Netze samt ihrem Inhalt darstellen, ist oft so enorm, daß es unmöglich wäre, sie mit Menschenhand zu bewegen. Thomson berechnete sie für einen Fischzug an Bord des „Porcupine" auf 2042 (engl.) Pfund; zur Hebung einer solchen Masse sind natürlich Maschinen nötig, und die „Valdivia" hatte deren eine elektrische und eine Dampfmaschine an Bord. Um plötzliche Rucke und Störungen zu vermeiden, wird das Netz an einem sog. Akkumulator federnd aufgehängt, ein Dynamometer zeigt die Größe der heraufzuziehenden Last an, und man hat sogar eine Einrichtung getroffen, daß der Spannungsmesser, sobald er ein Maximum anzeigt, ein elektrisches Läutewerk in Bewegung setzt. Nach einer Lotung oder nach dem Heraufholen eines Dredschzuges herrscht natürlich das regste Leben an Bord. Da gibt es gar viel zu tun für einen jeden; Stunden, ja Tage gehen darüber hin, bis alles Notwendige besorgt ist! Und doch, so wollen wir mit Marshall schließen, „köstliche Minuten für den Naturforscher! Wie schlägt sein Herz höher, erblickt er eine ihm wohlbekannte, aber lebend noch nie gesehene Seltenheit, oder eine neue, fremdartige Form, der er auf den ersten Blick ansieht, daß sie geeignet ist, ein Verbindungsglied zwischen bis dahin getrennten und isoliert stehenden Geschöpfen zu bilden! Diese Gefühle kennt nur der Fachmann, es sind die herrlichsten Blüten, welche auf dem nicht eben dornenlosen Pfade unserer Wissenschaft blühen!"

VIII. Abschnitt.
Die Pflanzen des Meeres.

Bis in die Mitte des vorigen Jahrhunderts war allgemein die Ansicht verbreitet, daß das Meer nur in seinen dem wärmenden Sonnenlichte zugänglichen Teilen, also in der Nähe der Oberfläche und besonders im Küstenwasser von lebenden Wesen bevölkert sei. Der mit der Tiefe zunehmende ungeheure Druck, das Fehlen des Lichts in größeren Tiefen war an sich schon Grund genug anzunehmen, daß die tieferen Schichten unbewohnt sein müßten, daß dort nichts als starre

Ruhe zu finden wäre, der alles Lebende fehle. Allerdings führte irgendein Umstand hier und da einmal einen seltsam aussehenden Fisch oder
einen absonderlich geformten Krebs an die Oberfläche, der von Schiffern angestaunt und wieder fortgeworfen, günstigen Falles als Reise-
erinnerung heimgebracht und als Sehenswürdigkeit einem Museum über-
geben wurde. Erst als später die ersten Anfänge mit einer systematischen Erforschung der Meere gemacht wurden und die Netze zugleich
mit größeren Meeresbewohnern eine ungeahnte Lebewelt kleiner und
kleinster Wesen, deren Formen und Mengen nur das mit dem Mikroskop bewaffnete Menschenauge zu erkennen vermag, an das Tageslicht
brachten, da erkannte man, daß das Meer einen so außerordentlichen
Reichtum an Arten und Individuen in seinem Schoße beherbergt, daß
kein Teil der festen Erdrinde auch nur im entferntesten mit ihm in Wett-
bewerb treten kann. Noch sind uns längst nicht die ungezählten Arten
auch nur annähernd alle bekannt; zählte doch Haeckel allein von der
einen Abteilung der Foraminiferen nicht weniger als 4318 verschiedene Arten auf. Jede Expedition bringt neue und bis dahin unbekannte Formen mit nach Haus, und bis auf Jahrzehnte hinaus werden unsere Naturforscher mit mehr als genügend Arbeit versehen sein,
die das unendliche Meer ihnen bietet.

Eine sehr nahe liegende Frage ist nun die: wie ernähren sich alle
diese Heerscharen der Meerbewohner? Ob viele Tiere, wie vermutet
wurde, das Meerwasser wirklich als Nährlösung benutzen und die dort
vorhandenen Stoffe einfach in sich aufnehmen können, erscheint doch
zweifelhaft. Aber wir wissen, unsere Festlandstiere, selbst solche, die
von dem Fleische anderer leben, sind in letzter Hinsicht auf diejenige organische Nahrung angewiesen, die ihnen die Pflanzenwelt liefert. Wenn
mit einem Male aller Pflanzenwuchs auf der Erde verschwinden würde,
so müßte auch in sehr kurzer Zeit darauf alles Tierleben aufhören zu
sein. Denn nur die Pflanze ist imstande, aus den anorganischen Bestandteilen, die sich auf unserer Erde finden, organische herzustellen, nur
sie vermag aus diesen Stoffen durch den uns noch so rätselhaften Lebens-
vorgang in ihrer Zelle den Tieren die richtige Nahrung zu bereiten.

Wie verhält es sich nun in dieser Beziehung mit den Milliarden
von Meerestieren? Auch sie sind in letzter Linie auf organische Nahrung angewiesen. Zwar bringen die großen Flüsse deren eine bedeutende Menge ins Meer; aber diese Sinkstoffe kommen nur einem sehr
kleinen Teile der riesigen Ozeanbecken zugute und liefern nur einen
geringen Prozentsatz der für die Tierwelt nötigen Nahrung; die Mitten
der Ozeane und ihre Tiefen samt den dort lebenden Tieren müssen auf

andere Nahrungsquellen angewiesen sein. Passend vergleicht Walther diese Gebiete mit einem Industrieland; wie ein solches sind sie durch= aus auf eine Einfuhr von Nahrungsstoffen angewiesen.

Nun hat auch das Meer seine Pflanzen, die sich allerdings meist in der Nähe der Küsten und nahe dem Wasserspiegel vorfinden. Denn der oben erwähnte Vorgang der Assimilation kann in den Pflanzen nur dann stattfinden, wenn die alles belebenden Strahlen der Sonne sie bescheinen. Unter ihrem Einfluß bilden sich in den Pflanzenzellen, die mit einem meist grünen, oft auch gelblichen oder rotbraunen In= halt angefüllt sind, organische Verbindungen. Für die Pflanzen, so= weit sie nicht Schmarotzer oder Fäulnisbewohner sind, ist das Licht viel mehr Lebensbedürfnis als für die Tiere; es liefert ihnen die Energie für die Stoffumsetzung. Die Lichtstrahlen verlieren aber, wie wir sahen, beim Eindringen in das Wasser gar bald ihre Kraft, und zwar sind es gerade die roten und gelben Lichtstrahlen, die zuerst verschluckt wer= den, während die für diesen Vorgang der Assimilation so nötigen grü= nen und blauen noch bis zu einer gewissen Tiefe hindurchzudringen vermögen. Die rote und braune Farbe ist als eine Anpassung an die Lichtverhältnisse des Meeres; die roten und braunen Algen legen ge= wissermaßen auf die ebenso gefärbten Lichtstrahlen keinen Wert und strahlen sie zurück, für sie sind nur die grünen und blauen von Be= deutung. Aus diesem Grunde verschwindet die Pflanzenwelt immer mehr, je weiter das Schließnetz ins Meer hinabsteigt. Die Durchsich= tigkeit des Wassers spielt dabei natürlich eine wichtige Rolle; oft ist schon in 150—200 m Tiefe alles Pflanzenleben erloschen. Im all= gemeinen kann man von oben nach unten drei Zonen unterscheiden. Die oberste reicht bis etwa 80 m; in ihr findet sich unter dem Ein= fluß des Sonnenlichtes ein großer Reichtum assimilierender Pflanzen, anfangs solche mit grünem Farbstoff, weiter unten übergehend in braune oder Ledertange und endlich in Rottange. In der zweiten Schicht bis 150 m hat die Pflanzenwelt ganz erheblich abgenommen, doch haben sich dem hier herrschenden Dämmerlichte, das in der untersten Stufe unseren Augen kaum wahrnehmbar sein dürfte, einige wenige Algen (Halosphaera) und Diatomeen noch anpassen können. In der untersten Zone ist das Pflanzenleben so gut wie erloschen. Nur die zu den Ku= gelalgen gehörenden, obengenannten Halosphaeren sind noch in Tiefen von 1000 bis 2000 m angetroffen worden; von einer Assimilation kann dort kaum noch die Rede sein, und es fragt sich, ob die Algen in diesen Tiefen wirklich gelebt haben oder ob es nur ihre Leichname sind, die wenn sie dort gefunden werden, auf der Reise nach der Tiefe begriffen find. Auch Pflanzengebilde niedrigster Art, die Bakterien, die infolge Mangels einer solchen affimilierenden Farbsubstanz vom Licht unabhängig sind, gewissermaßen als Schmarotzer im Meerwasser leben und sich von den herabsinkenden organischen Stoffen ernähren, können in großen Tiefen noch existieren, und die Deutsche Tiefsee-Expedition stellte ihr Vorhandensein noch in 1758 m Tiefe fest. Nur die allergrößten Tiefen scheinen frei von ihnen zu sein. Sie spielen jedenfalls auch im Meere als Zersetzer abgestorbener organischer Stoffe dieselbe wichtige Rolle wie auf dem Lande. Alle Meerespflanzen — abgesehen von den beiden Seegrasarten (Zostera marina und Z. nana) — gehören zu den Kryptogamen, d. h. sie erzeugen keine mit bloßem Auge sichtbaren Blüten, Früchte oder Samen. Wir können sie in festsitzende und freitreibende einteilen. Erstere werden sich, wie aus dem eben Gesagten hervorgeht, nur im flachen Küstenwasser entwickeln können; sie bilden die Küstenflora, die in einem schmäleren oder breiteren Gürtel sich bis zur Tiefe von etwa 30 m ins Meer hinein erstreckt. Die Pflanzengeographen unterscheiden hier einen Gürtel von zeitweise auftauchenden und einen von beständig untergetauchten Pflanzen; erstere zeigen besondere Schutzmittel gegen Austrocknung, Änderung des Salzgehaltes und der Wärme, auch besitzen diese Pflanzen ein großes Regenerationsvermögen, da die Brandung sie leicht zerreißt. Manche von diesen Küstenpflanzen können allerdings den Anschein erwecken, als ob sie aus größeren Tiefen emporsteigen, wenn man sie an steil abfallenden Küsten mehrere hundert Meter vom Strande entfernt findet. Dazu gehört beispielsweise die Macrocystis pyrifera von der Südspitze Amerikas, deren flatternde, dunkelgrüne Blätter, die eine Länge von 200 bis 300 m erreichen sollen, 100 bis 200 m schräg vom Boden aufsteigen und flach im Meere an der Oberfläche schweben. Zahlreiche andere Tangarten gehören hierhin, so die Riementange (Laminaria), deren gestielte, schmale bandförmige Blätter bis zu 3 m lang werden, und die Riesentange (Nereocystis), die eine Länge von 90 m erreichen können. Der Stengel der Pflanze wird durch einen Luftsack von der Gestalt einer Rübe schwimmend erhalten, der eine Länge von mehr als Mannesgröße erreichen kann. Diesem Luftballon entspringt ein Büschel dicker schmaler Blätter, die schließlich als Rosetten von 10 bis 20 m Durchmesser dichte unterseeische Wiesen an den nördlichen Küsten Asiens und Amerikas bilden. Einen kleineren Vertreter hat dieser Riesentang an unseren Küsten, den Blasentang (Fucus vesiculosus, Abb. 18), dessen Blattorgane durch zwei einander gegenüberstehende Blasen schwimmend erhalten werden. Ferner sind noch zu nennen sich wie Schlangen windende Aliarien,

baumförmig verzweigte Lessonien, zahlreiche zierliche Florideen mit ro=
tem oder violettem Farbstoff und die grünen Rasen zarter Algen, die
Steine, Felsen und Muscheln an der Küste überziehen. Höchst inter=
essant sind manche der meerbewohnenden Tange und Florideen (Phyl-
locladia, Wrangelia u. a.) deshalb, weil sie unter Wasser ein gewisses
Leuchten zeigen und ein mattes Licht auszustrahlen scheinen, das aber

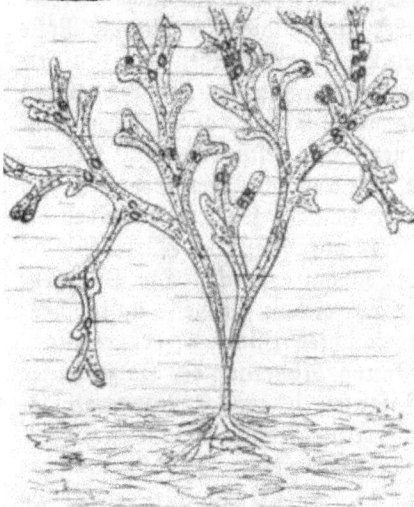

nicht von den Pflanzen selbst aus=
geht, sondern durch das reflektierte
Tageslicht bewirkt wird, dessen we=
nige in die Tiefen dringenden
Strahlen von linsenartigen Kör=
perchen in den Pflanzen eifrig ge=
sammelt werden. Demselben Zweck
der Lichtansammlung scheinen auch
die zierlichen, gegitterten Schalen
vieler Diatomeen zu dienen, die
wir unter dem Mikroskop bewun=
dern und die als Bewohner des
Meeres in zahlreichen Formen an=
zutreffen sind.

Einen Übergang zu den frei im
Meere treibenden Pflanzen macht
der Beerentang (Sargassum bacci-
ferum) insofern, als große Massen
von ihm im Atlantischen Ozean

Abb. 18.   Blasentang (Fucus vesiculosus).

zwischen 20⁰ und 30⁰ nördlicher Breite treiben und das bekannte Sar=
gasso bilden, von dem jener Meeresteil seinen Namen hat. Da diese Tang=
wiesen aber ursprünglich von Küstenpflanzen an den Westindischen In=
seln stammen, von wo die herrschenden Winde sie auf das hohe Meer
hinaus entführt haben, gehören sie rechtmäßig nicht zur Planktonflora.
Bekannt ist, daß Columbus, als er diese treibenden Pflanzenmassen in
Sicht bekam, sie für das ersehnte Festland hielt. Die Plankton-Expe=
dition hat sich auch mit dem Sargassomeer beschäftigt. Sie konnte fest=
stellen, daß die Pflanzen sich nur bei stärkerem Winde, dessen Richtung
die treibenden und durch Luftbläschen getragenen Blätter annehmen, zu
schwimmenden Wiesen zusammenlegen, deren wirkliche Größe jedenfalls
nicht den früheren Vorstellungen entspricht. Die Menge der Tangmassen
ändert sich aber jährlich. Die Planktonforscher fanden im Sargassomeer
eine auffallende Armut an Tieren; hauptsächlich sind es Seenadeln und
Seepferdchen, die sich mit ihrem Schwanz an den Pflanzen festhalten, Ko=

lonien von Hydroidpolypen, ferner Krabben und Garneelen, die diese
Tangwiesen bewohnen, dazu eine größere Anzahl mikroskopisch kleiner
einzelliger Tiere. Als Agassiz einst die Sargassobüschel untersuchte, fand
er darin ein aus verfilzten Tangmassen gebildetes Nest von der Größe
einer starken Faust, in dem sich eine große Anzahl Eier befand. Da Nest=
bau bei den Fischen bekanntlich zu den Ausnahmen gehört, das Bau=
werk aber wohl nur von einem solchen herrühren konnte, wurde er neu=
gierig; er tat das Ganze in ein Glas und nach einiger Zeit schlüpf=
ten aus den Eiern kleine Fischchen (Chironectus pictus), die, wie sich
herausstellte, den Meerteufeln unserer Nordsee nahe verwandt waren.
Auffallend ist die Ähnlichkeit in Farbe und Form, die viele dieser Tang=
bewohner mit den Pflanzen haben, sie ist oft so groß, daß es schwer=
hält, Tiere und Pflanzen voneinander zu unterscheiden.

Die Hauptmasse der organischen Stoffe wird aber von den Pflan=
zen des Planktons gebildet, die, frei schwebend, die Oberflächenschich=
ten oft in solcher Unzahl bevölkern, daß das Wasser durch sie gefärbt
erscheint. Sie gehören fast alle der Gruppe der einzelligen Algen an,
sind meist für das unbewaffnete Auge unsichtbar, und ihre ungeheure
Anzahl erklärt sich aus dem riesigen Fortpflanzungsvermögen, das ihnen
innewohnt. Dazu ist ihr Verbreitungsgebiet außerordentlich groß, da
es sich in annähernder Gleichmäßigkeit von Pol zu Pol erstreckt, wäh=
rend die festsitzenden Pflanzen auf den schmalen Küstenraum beschränkt
sind. Daß so gut wie gar keine höher organisierten Pflanzen zur
Planktonflora gehören, ist auf den ersten Blick auffallend, erklärt sich
aber wohl daraus, daß die pflanzlichen Gebilde des Meeres wegen der
überaus günstigen Beschaffenheit ihrer sich stets gleichbleibendem Um=
gebung ihre ursprüngliche Einfachheit bis heute bewahren konnten; bei
den Landpflanzen dagegen, wo Klima, Bodenbeschaffenheit usw. ganz
wechselnde Lebensbedingungen schuf, erzeugte erst dieser Notstand die
höher und am höchsten organisierten Formen. Auch können in den durch
Strömungen und Temperaturwechsel stetig sich verändernden Ober=
flächenwassern nur kurzlebige Formen Bestand haben, die sich durch
riesige Vermehrung äußerst rasch entwickeln, aber ebenso schnell auch
absterben, wenn eben eine Änderung ihrer Lebensbedingungen eintritt.
Wir werden später sehen, daß der Planktonreichtum in den nördlichen
Polarmeeren viel größer ist als in den Meeren südlicher Breiten, daß
der Frühling mehr Planktonpflanzen und =tiere hervorbringt als der
Hochsommer.

Zu den schwebenden Meeresorganismen gehören zahllose Algen, vor
allem die zierlichen Diatomeen, von deren zu Boden sinkenden Schalen

wir schon früher gesprochen haben; dann die ebenfalls mit einem Kiesel-
panzer umgebenen Dinoflagellaten und besonders die Peridineen (Ceratium tripos, Abb. 19). Nach Berechnung von Hensen beträgt die Bildung organischer Substanz durch diese mikroskopisch kleinen, auf der
Grenzscheide zwischen Pflanzen= und Tierwelt stehenden Organismen
jährlich in einem Quadratmeter Meerwassers etwa 150 g, von denen

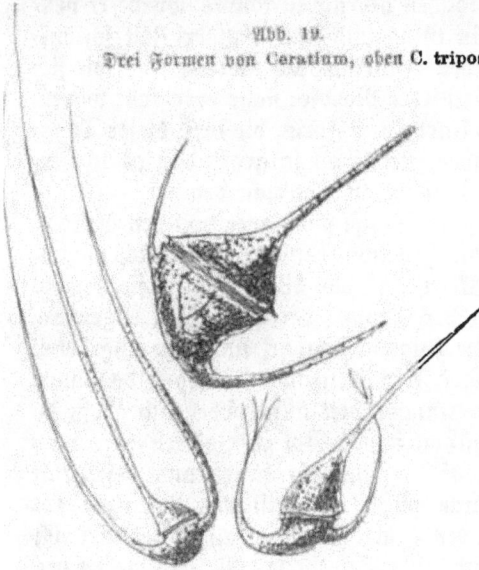

Abb. 19.
Drei Formen von Ceratium, oben C. tripos.

130 g allein auf die oft absonderlich geformten Ceratien kommen. Die Zahl dieser Pflanzenorganismen des
Oberflächenwassers ist danach ungeheuer groß. Bei
einem Netzzug durch eine
20 m dicke Oberflächenschicht
wurden 5 700 000 Orga-
nismen gezählt; fünf Millionen stellten davon allein die
Algen. Eine scharlachrote
Kugelalge (Protococcus at-
lanticus) erfüllt zu Milliarden oft das Meer an den
Küsten Portugals, ähnlich
wie die roten Bündel einer
Fadenalge (Trichodesmium
erythraeum) in gewissen
Monaten die Oberflächenschichten des Roten Meeres, des Stillen und Atlantischen Ozeans färben. — Es sei schon hier erwähnt, daß diese Organismen, geradeso wie viele Planktontiere, trotz ihrer geringen Größe oft
überraschende Einrichtungen besitzen, durch die ihnen das Schweben im
Wasser ermöglicht oder erleichtert wird. Das kann durch Abscheidung von
Fett= und Öltröpfchen geschehen, die dem Organismus zugleich als Reservestoffe dienen, ferner durch Oberflächenvergrößerung durch Streckung
und Abflachung oder durch Bildungen, die man geradezu als Schwebeapparate bezeichnen kann, wie Hörner, Stacheln, Flügel und andere Mem-
branauswüchse; es hat sich gezeigt, daß gerade die mit den längsten Auswüchsen versehenen Ceratien (Abb. 19) besonders in den wärmeren und
salzärmeren und daher weniger tragfähigen Oberflächenströmungen zu
finden sind, so daß diese niederen Organismen ein gutes Kennzeichen für
die verschiedene Temperatur, den Salzgehalt des Oberflächenwassers
und die daraus resultierenden Strömungen sind. Diese pflanzlichen Ur-

gebilde sind nun in ihrer Gesamtheit für das Tierleben im Meere von
der allergrößten Bedeutung. Sie bilden, wie wir sahen, die „Urnah=
rung"; ihre mikroskopisch kleinen Körperchen dienen zunächst als Futter
für die kleineren tierischen Wesen, Foraminiferen (Abb. 7) und Ra=
diolarien (Abb. 8); Hydroidpolypen, kleine Krebstiere, Salpen und an=
dere, sowie für die Milliarden von Larven, die pelagisch leben, um erst
später eine andere Lebensweise anzunehmen; sie ersetzen im Meere die
Wiesen und Weiden, die Wälder und Felder des Festlandes. Dieser
Urnahrung wandte Hensen und seine Nachfolger ganz besonderes In=
teresse zu; man zählte, schätzte und registrierte die Planktonorganismen
in verschiedenen Tiefen, man untersuchte ihren Gehalt an Kohlenstoff,
Stickstoff und anderen Bestandteilen, und dieser Zweig der Meeresbio=
logie drohte eine Zeitlang alle anderen Untersuchungen zu ersticken.
Aber es ergaben sich doch wichtige Unterschiede zwischen dem Küsten=
und dem Hochseeplankton, es zeigte sich, daß der größte Reichtum nicht
im Hochsommer vorhanden ist, sondern in der kälteren Jahreszeit, daß
die Erneuerung des Wassers durch vertikale und horizontale Strömungen
für die qualitative und quantitative Verbreitung dieser Schweborga=
nismen von größter Bedeutung ist. Die Pflanzen bringen also orga=
nische Substanz hervor, die Tiere verzehren sie wieder. Die kleineren
Tiere bilden wieder die Nahrung der größeren, und diese endlich müssen
den Magen der zahlreichen Meerriesen füllen. Dabei ist wohl zu beden=
ken, daß das kalte Wasser der Tiefe konservierend wirkt, so daß auch die
abgestorbenen Leiber der Oberflächenorganismen während des Herab=
sinkens noch eine gute Nahrung für die Tiefseetiere bilden. Auch ihre
abgestorbenen Reste enthalten deshalb noch so viel Nährwert, daß viele
Bodentiere davon leben können. Jetzt verstehen wir auch, wie wich=
tig eine umfassende Kenntnis der Lebensbedingungen und der Vertei=
lung des Planktons nicht nur für die wissenschaftliche Erforschung der
Meere, besonders auch der Meeresströmungen ist, sondern auch wel=
chen praktischen Wert sie für Fischzucht und Fischfang hat. Deshalb
hat sich seit einigen Jahren die Planktonforschung auch unserer ein=
heimischen Binnengewässer bemächtigt, und die dortigen Verhältnisse
teilweise ganz ähnlich den im offenen Meere herrschenden gefunden.

Aber noch eins ist zu beachten. Durch die Assimilation der Pflanzen
wird die im Wasser gelöste Kohlensäure zerlegt und freier Sauerstoff
abgegeben. Dieser ist aber für die Existenz jeglichen organischen Lebens
unbedingt nötig. Untersuchungen des „Challenger", der „Pola", des
dänischen Kreuzers „Ingolf" und andere haben festgestellt, daß überall
da, wo vorwiegend pflanzliche Gebilde das Plankton ausmachen, das

Wasser einen reichen Gehalt an Sauerstoff besitzt. Wo ferner ein feiner
Schlick den Boden bedeckt und jedes Pflanzenleben zu ersticken scheint, fin=
den sich häufig noch die Schwefelalgen oder Beggiatoren; sie sind insofern
von großer Bedeutung, als sie den dort sich entwickelnden giftigen Schwefel=
wasserstoff zerstören und zu Schwefelsäure oxydieren. So bilden die
Pflanzen des Meeres nicht nur die Urnahrung aller Bewohner, sondern
sie sorgen auch für die Lebensluft und die Reinhaltung des Elementes,
in dem sie und die Tiere leben.

IX. Abschnitt.
Die Tiere des Meeres.

Der 1854 verstorbene Edinburger Zoologe Edward Forbes hatte die
Behauptung aufgestellt, daß unter der Tiefenlinie von 550 m organisches
Leben überhaupt nicht mehr zu existieren vermöchte. Dieser Grundsatz des
berühmten englischen Gelehrten wurde bald allgemein angenommen und
behielt jahrzehntelang Geltung. Man konnte sich nicht vorstellen, daß bei
dem schon hier herrschenden enormen Wasserdruck, daß hier im Reiche ewigen
Dunkels, daß bei der, wie man annahm, enorm kalten Temperatur des
Wassers irgendwelches lebende Wesen sein Dasein fristen könne. Zwar
hatte schon Roß im Jahre 1818 auf einer seiner Reisen aus ca. 1800 m
Tiefe einen Seestern emporgeholt und ihn als ersten Boten eines reichen
Lebens aus jenen verschleierten Abgründen von seinen Reisen mitge=
bracht; er hatte aber wenig Glauben gefunden. Forbes glaubte auf Grund
seiner damaligen Kenntnis in bezug auf die Verbreitung der Meeres=
organismen in senkrechter Richtung vier Zonen annehmen zu müssen.
Die Schwierigkeit, die ohne Grenzen ineinander übergehenden Meeres=
schichten einzuteilen, ist nicht gering; man war gezwungen, dem Bei=
spiele des Geologen zu folgen, der seine Schichten nach der Häufigkeit
der in ihnen vorkommenden Versteinerungen, nach Leitfossilien, unter=
scheidet. Aber es braucht nicht gesagt zu werden, daß diese Grenzen keine
scharfen sind, daß diese unterseeischen Lebensbezirke ganz allmählich in=
einander übergehen, und daß ihre unteren und oberen Grenzen durch ört=
liche Verhältnisse sehr oft verschoben werden. Im allgemeinen wird die
Tiefseefauna da beginnen, wo das pflanzliche Leben infolge von Licht=
mangel aufhört und die niedrige Temperatur einsetzt. Da letzteres in
den äquatorialen Gebieten erst in größerer Tiefe erfolgt als in den po=
laren, so wird in ersteren auch die Grenze der Tiefseetierwelt im großen
und ganzen tiefer liegen als in den Polarmeeren. In den wärmeren

Meeren liegt die Grenze nach Chun etwa in 400 m Tiefe. Wir wollen uns hier einer allgemeineren Einteilung anschließen und die Meeres= tiere entsprechend ihrem hauptsächlichen Vorkommen unter der Zusam= menfassung als Küsten=, Tiefsee= und Oberflächenfauna betrachten.

Die Litoral= oder Küstenzone der Meere zeichnet sich vor den oberflächlichen Schichten der Hochsee uud den tieferen Senken vor allem durch ihre Bewegtheit aus. Ebbe und Flut, Winde und Stürme lassen das Wasser nicht zur Ruhe kommen und nötigen Tier= und Pflanzen= welt, sich fest vor Anker zu legen oder sich auf andere Art gegen die Be= wegung der Wassermassen zu schützen. Das Licht kann das flache Wasser gut durchbringen, und durch die zahlreichen Küstenpflanzen ist für Nahrung und Sauerstoff reichlich gesorgt. Wo Flüsse in den Küstensaum einmün= den, mischt sich das süße mit dem Salzwasser; der Untergrund ist bald sandig, bald felsig; kurz, für die Lebewelt der Küstenzone sind so wech= selnde und vielseitige Lebensbedingungen gegeben, daß sich schon hieraus die große Mannigfaltigkeit der dort vorkommenden Tierformen zur Ge= nüge erklärt. Die Bewohner der Litoralzone zeigen noch vielfach große Ähnlichkeiten mit den Landtieren, so daß wir annehmen müssen, daß viele von ihnen erst von dort her in ihr jetziges Element eingewandert sind. Es hat aber auch eine Einwanderung in die Flüsse landeinwärts stattgefun= den, und an einigen Beispielen aus der Tierwelt können wir heute den Ver= lauf dieser Wanderung und die bisher erreichte Grenze ganz genau verfol= gen. Einige Süßwasserfische (Hecht, Barsch) können das Seewasser ganz gut ertragen, andere (Maifisch, Lachs, Stör) ziehen regelmäßig von einem ins andere, die Flunder kann leicht an das süße Wasser gewöhnt werden. Teils auf solcher Einwanderung ins Land, teils auf den Folgen großer geologischer Veränderungen unserer Erdoberfläche beruht die auffallende Erscheinung, daß wir in manchen Binnenseen Tierformen finden, die echte Seefische sind, so in den skandinavischen Seen einen zur Gruppe der Panzerwangen gehörigen Fisch (Cottus quadricornis), einen echten Seefisch und Verwandten unseres Kaulkopfes, in den oberitalischen Seen Arten der Grundel (Gobius), des Schleimfisches (Blennius) und andere. Auch das Kaspische Meer, die Inlandseen der afrikanischen Scholle und andere große heute abgeschlossene Binnenseen, der Ladogasee, der eine echte Qualle beherbergende Victoria Njansa u. a. zeigen derartige Be= ziehungen zur See und beweisen uns dadurch, daß sie einstmals zu Zeiten großer Erdrevolutionen vom Weltmeere abgegliedert wurden. — Je nach= dem wir eine rasch abfallende, von der Brandung stetig umspülte Steil= küste vor uns haben oder einen sandigen, langsam absteigenden Strand, ändert sich das Bild der Litoralfauna. Dort sehen wir ein Heer possier=

lich aussehender Krabben eifrig beschäftigt, einen gestrandeten Seefisch
zu zerlegen, unbekümmert um die Wellen flockigen Schaumes, die über
ihnen zusammenbrechen. Eine eigentümliche Art der Verteidigung hat
die Natur diesen Geschöpfen mit auf den Lebensweg gegeben; sobald
irgendein Feind eine ihrer Scheren kräftig packt, sind sie imstande, durch
einen plötzlichen Ruck sich des gefangenen Gliedes zu entledigen, sich
selbst zu „amputieren", und bevor sich der verblüffte Gegner von seinem
Erstaunen erholt hat, sind sie längst seinem Gesichte entschwunden. Das
abgeworfene Glied, das immer an einer bestimmten Stelle sich ablöst,
wächst bald nach, und man hat nachgewiesen, daß zur Ausführung der
Operation den Tieren sogar eine besondere Muskel zur Verfügung steht,
den man den Brechmuskel genannt hat.

Hier, auf dem Meeresboden, spielt der Kampf ums Dasein eine vielleicht noch wichtigere Rolle als auf dem Lande; zwei gepanzerte Ritter
des Meeres, ein Hummer (Homarus vulgaris) und die dornbewehrte
Languste (Palinurus vulgaris), machen sich dort gegenseitig die Beute
streitig; auf dem felsigen Grunde lauert mit philosophischer Ruhe und
stoisch blickenden Schlitzaugen ein großer weißgrauer Krake (Octopus
vulgaris) auf Beute. Sobald er aber erregt wird, ändert sich sein Aussehen; die Haut bedeckt sich mit warzigen Körnern und nimmt braune,
rötliche, gelbe Färbungen an. Trümmer von Korallenstöcken, Schalen
von Muscheln und Schnecken bedecken im bunten Durcheinander den
Seegrund. Hauptsächlich in der Nähe von Flußmündungen finden wir
die Schalen der Klaffmuschel (Mya), der Korbmuschel (Corbula) und
zahlreiche andere; im weichen Meeresschlamm ruhen verborgen Sand-
muscheln (Psammobia) und Sonnenmuscheln (Tellina), ausgezeichnet
durch zwei lang ausgestreckte, getrennte Röhren, die zur Aufnahme und
Abgabe des Atemwassers dienen. In den wärmeren Meeren finden wir
am Grunde, in der Tiefe von 12 bis 30 m die echte Perlmuschel
(Meleagrina margaritifera), deren Perlen — nach neueren, aber noch
nicht abgeschlossenen Untersuchungen entstanden durch die Einwanderung von Saugwürmern — so begehrt sind. Taucher holen an ihren
Hauptfundstätten, im Persischen Meerbusen, an der Westküste von Ceylon, bei Japan, im Meerbusen von Mexiko und in der Kalifornischen
Bucht die Schalentiere ans Tageslicht, wo sie nach ihrem kostbaren Inhalt durchsucht werden. An den Küsten des Atlantischen Ozeans, der
Nordsee und des Mittelmeeres lebt in großen Gesellschaften die schmack-
hafte Auster (Ostrea edulis), die der gewinn- und genußsüchtige Mensch
in sogenannten Austerparks züchtet und mästet. Gewisse Küstenstriche
des Mittelmeeres, so die Gestade bei Tripolis und die Ostküste der

Adria, bewohnt in geringer Tiefe unser Badeschwamm (Euspongia officinalis). Mit vierzinkigen langen Gabeln spießt man die Schwamm= kolonien auf und zieht sie ins Boot. Ans Land gebracht, werden sie ge= knetet und getreten, damit sich die weiche Körpermasse von dem Horn= gerüst löse, darauf gerei= nigt und gebleicht. Der Sand, der sich beim Ein= kauf manchmal noch in den Schwämmen findet, wird von schlauen Händ= lern absichtlich zugesetzt, damit er das Gewicht ihrer Ware erhöhe. Der beste ist der becherförmige,

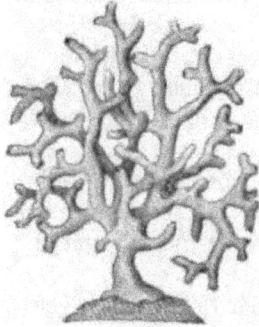

Abb. 20.
Stock eines Kalkschwammes
(Ascyssa acufera).

Abb. 21. Polypenstock (Bougainvillea ramosa) mit knospenden und sich ablösenden Medusen.

blaßgelbe Levantinerschwamm, der sich besonders an den Küsten Klein= asiens findet; die schlechteste Sorte des Handels bildet der grobe Pferde= schwamm. Stachelige Seeigel, Seesterne in mannigfaltigen Formen und oft prachtvoll roten Farben finden wir dort zwischen den Seepflanzen in enger Nachbarschaft mit kopfgroßen Klumpen oder zierlichen Bäum= chen von Schwämmen (Abb. 20) mit Kolonien von Quallen erzeugenden Polypen (Abb. 21), mit farbenprächtigen Seeanemonen, den Lilien, Nelken und Rosen dieser unterseeischen Gärten, und mit Röhrenwür= mern (Serpula), die ihre blaßroten Fiederkronen entfaltet haben. Einen Polypenstock stellt auch jenes zierliche, unter dem Namen Seemoos be= kannte Gewächs dar, das man so oft in kleinen Ampeln als Zimmer= schmuck sieht. Es wird gebildet durch die zarten Kolonien von Sertu=

6*

larien, die jetzt auch an den deutschen Küsten gesammelt und dann künst-
lich grün gefärbt werden.

Ein ganzes Heer verschiedener Tierformen hat sich als Wohn- und
Jagdgebiet die vielgestaltigen, zierlichen oder massigen Kalkbauten der
Korallentiere auserwählt. Dazu gehören nicht nur die Meerdatteln,
Bohrmuscheln und Bohrschwämme, Papageifische und Holothurien, sondern auch der rätselhafte Palolowurm, dessen wahre Natur erst vor kurzem von Krämer und Friedländer zu gleicher Zeit erkannt worden ist.
Dieses rätselhafte Wesen ist das hintere, fast nur aus Fortpflanzungs-
produkten bestehende Ende eines zu den Kieferwürmern gehörigen Wur-
mes (Eunice viridis), der im Korallenkalk wohnt. Er erscheint ganz
regelmäßig bei Eintritt des letzten Mondviertels im Monat Oktober
oder November an den Küsten der Samoa-, Tonga-, Viti- und Gilbert-
inseln und wird dann von den Eingeborenen massenhaft verspeist. Woher dieser rätselhafte Zusammenhang mit den Mondphasen kommt, ist
uns zurzeit noch völlig unklar; er ist aber so groß, daß, wie Friedländer
beobachtete, auch in einem Eimer Seewasser, in dem die Korallenstücke enthalten waren, die Abstoßung der Geschlechtsprodukte genau zu derselben
Zeit stattfand. Eine verwandte Art (Eunice fucata) lebt auch im Atlantischen Ozean, und vor kurzem beschrieb der Japaner Izuka eine
andere aus seiner Heimat; auch diese beiden zeigen jene merkwürdigen Beziehungen zum Mondwechsel, nur ist es bei der japanischen
Art das Vorderende, das mit Eiern vollgestopft ist und abgeworfen
wird.

Je weiter wir uns von der Küste und diesen „Gärten Poseidons" entfernen, je mehr wir vom Lichte weg uns den finsteren Gründen der
Tiefsee nähern, desto mehr ändert sich das Bild. Dort ewiger Wechsel,
fortwährende Bewegung, hier starre Ruhe. Mag hoch oben der wilde
Orkan in furchtbarer Wut toben, die Tiere der Tiefsee muß er unbehelligt
lassen. Herrschte an der Küste bei allen Tierformen vor allem das Bestreben nach Festigkeit der Körperdecke, nach einer gewissen Stabilität
der Formen, nach engem Aneinanderschließen zum Zwecke gegenseitigen
Schutzes vor, so finden wir in der Tiefsee mehr einzeln lebende Tiere,
und die Massigkeit des Körpers hat hier oft einer entzückenden Feinheit
der Gestaltung Platz gemacht. Dabei zeigen die Tiefseetiere vielfach eine
Farbenpracht, die man früher dort nicht geahnt hatte, und die nur dadurch
zu erklären ist, daß ihnen der Schutz einer der Umgebung angepaßten
Färbung bei dem Mangel des Lichtes unnötig war, während sich die
Bewohner der Flachsee am besten stehen, wenn sie ihrer Umgebung möglichst ähnlich sind oder als grau im Grauen verschwinden. Wir werden

später genauer sehen, daß die Tiefseetiere sich den veränderten Verhält=
nissen in oft überraschender Weise angepaßt haben.

Viele Tiefseebewohner leben am Boden des Meeres oder halten sich
doch in seiner Nähe; es hat sich allerdings gezeigt, daß gewisse Tiefsee=
tiere auch in weiterer Entfernung vom Boden angetroffen werden und
deshalb mehr als pelagisch lebend anzusehen sind. Das
eigentliche Gebiet der Tiefseefauna beginnt in etwa
400 m Tiefe, in wärmeren und salzreicheren Binnen=
meeren aber schon näher der Oberfläche. Auf den letz=
ten Expeditionen sind nun aus Tiefen von 4000 bis
5000 m Tiere heraufbefördert worden, die man vor=
her nur als Oberflächenformen gekannt hatte.
Eine „intermediäre" unbelebte Schicht zwi=
schen den Oberflächenschichten und den Tief=
seegründen scheint überhaupt ganz zu fehlen,
jedenfalls aber durchaus nicht so tierarm zu
sein wie man früher anzunehmen geneigt war.

Abb. 22.
Kieselskelett
des
Gießkannen=
schwammes
(Euplectella
aspergillum).

Echte Tiefseetiere sind in erster Linie die
Glasschwämme, von denen die „Valdivia" 24
neue Arten heimbrachte, Gebilde von oft ganz
bedeutender Größe, deren Skelett aus eng ver=
filzten feinen Kieselnadeln (Abb. 22) besteht.
Wie ungeheuer zahlreich diese meist regel=
mäßig becher= oder schlauchförmig gestalteten
Wesen den Boden des Meeres an manchen
Stellen bedecken müssen, geht schon daraus
hervor, daß die „Valdivia" in der Nähe des
Thomson=Rückens im Nordatlantischen Ozean
mit einem Zuge mehr als 500 Stücke eines und desselben Tiefseeschwam=
mes (Tenea muricata) ans Tageslicht brachte. Einer der schönsten die=
ser Glasschwämme ist das Venuskörbchen (Euplectella aspergillum,
Abb. 22). Der röhrenförmige, ca. 30 cm lange, sanft gebogene und in einen
Wurzelschopf ausgehende Körper ist oben mit einer siebartig durchlöcher=
ten Platte, die dem Tiere auch den Namen „Gießkannenschwamm" einge=
tragen hat, verschlossen. Das prachtvoll zarte und zerbrechliche Kieselskelett,
das allein von diesem Tier nach Europa gebracht wird, ist aus vielen an=
einander gekitteten sechsstrahligen Nadeln gebildet. Das Venuskörbchen
wird bei den Philippinen gefunden; ein Verwandter (Hyalonema) wird
in der Nähe von Yeddo gefangen, und besonders an der Westküste von
Sumatra und bei den Nikobaren fand die „Valdivia" zahlreiche, zum

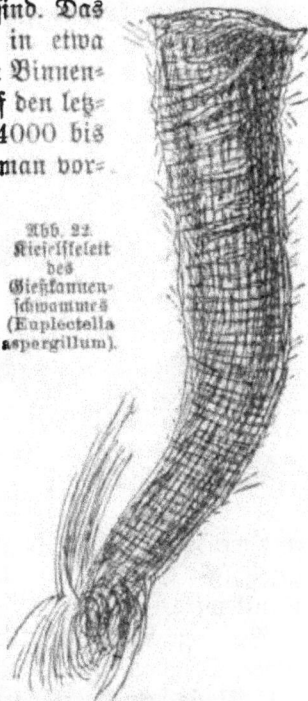

Teil neue Vertreter dieser Schwämme, unter denen eine 70 cm lange Semperella besonders genannt sei. Interessant sind die Glasschwämme auch aus dem Grunde, weil sie sehr oft anderen Tieren als Wohnung und Zufluchtsort dienen. Dahin gehört vor allem eine zollange Assel (Aega) und ferner eine Art von kleinen Garneelen (Palaemon); letztere, Männchen und Weibchen, gelangen als Larven in den Schwamm hinein

Abb. 23. Eine Seewalze aus der Tiefe (Oneirophantes mutabilis)

und werden schließlich so groß, daß sie ihr Leben lang in diesem selbst gewählten Gefängnis zu bleiben gezwungen sind, das auch also ihre Gruft wird.

Von den Nesseltieren, unter diesem Namen faßt man die Polypen, Quallen und Korallentiere zusammen, gibt es eine große Anzahl Tiefseebewohner; dazu gehört der Riesenpolyp (Monocaulus imperator), von dem die Valdivia-Expedition an der ostafrikanischen Küste ein Exemplar von 1,5 m Länge hervorbrachte, dessen zart roter Kamm oben zwei hochrot gefärbte Tentakelkränze trägt, während das untere Ende auf dem Boden befestigt ist. Zu nennen sind weiter die Seeanemonen, von denen manche einen Übergang aus dem strahligen Bau in den zweiseitigen zeigen, der bereits eine rechte und eine linke Seite unterscheiden läßt; ferner einzeln lebende Korallen (Flabellum, Stephanotrochus) und Kolonien von solchen, von denen Lophohelia prolifera auch in der Tiefsee Riffe von bedeutender Mächtigkeit bilden kann, solche mit Hornskelett (Antipathes) und endlich die achtarmigen Korallen, zu denen auch unsere Edelkoralle (Abb. 4), die aber unter 200 m nicht mehr vorkommt, sowie die leuchtenden Seefedern (Penna-

tula) und andere schöne Formen gehören. Selbst von den zarten und
ätherischen Quallen und Schwimmpolypen sind heute zahlreiche Ver=
treter in größeren Tiefen bekannt; von ersteren nenne ich die Gattungen
Atolla und Periphylla, von letzteren die Rhizophysen, von denen die
„Valdivia" einen 4 m langen Stock erbeutete.

Echte Tiefseebewohner sind vor allen die S t a c h e l h ä u t e r , die in ihrer
ganzen Lebensweise, während ihres Alters wenigstens, auf den Meeres=
grund angewiesen sind. Dahin gehören gewisse Seewalzen oder Holo=
thurien (Oneirophantes, Abb. 23, Psychropotes u. a.) von raupenähn=
licher Gestalt mit langen, tentakelähnlichen Fortsätzen, die merkwürdigen,
mit Schwimmscheibe frei flottierenden Pelagothurien der Valdivia=Ex=
pedition, Seeigel (Salenia) mit oft riesigen Stacheln oder solche von
dunkelvioletter Färbung mit hellgelben Rückenstacheln (Palaeopneustes),
bewegliche, rot oder orange gefärbte Schlangensterne (Ophiomusium),
wunderbar leuchtende Seesterne (Brisinga) und Angehörige der uralten
Familien der Haarsterne (Abb. 25) und Seelilien (Abb. 24). Letztere
treten schon in den ältesten Schichten der cambrischen Formation, erstere
erst im Jura auf. Obgleich die Hauptzeit ihrer Blüte längst vergangenen
Jahrtausenden angehört, scheinen sie stellenweise mit ihren auf schlankem,
gegliedertem Stiele getragenen tentakelreichen Körper den Meeresboden
geradezu zu bedecken. Als Jeffreys sein Schleppnetz in der Nähe von
Kap Vincent in die Tiefe von fast 2000 m hinabließ, brachte es zwanzig
Stück einer und derselben Seelilie (Pentacrinus Thomsoni, Abb. 24,1)
herauf, und der „Challenger" erbeutete in der Südsee deren sogar fünf=
zig mit einem Male. In bezug auf die Erbeutung neuer und inter=
essanter Krinoiden war besonders die Deutsche Tiefsee=Expedition vom
Glück begünstigt. Die Haarsterne (Antedon, Abb. 25), die übrigens
meistens seichteres Wasser vorziehen, gleichen auf den ersten Blick den
Schlangensternen; sie können sich mit Hilfe ihrer Arme frei bewegen,
machen aber in ihrer Entwicklung auch ein festsitzendes, sog. Penta=
krinusstadium durch, ein Beweis, daß auch für die Haarsterne die fest=
sitzende Lebensweise der ursprünglichere Zustand war.

An W ü r m e r n sind die Tiefseegründe sehr arm; zu erwähnen sind
nur die Röhrenwürmer, die im Atlantischen Ozean aus mehr als
5300 m Tiefe, bei den Viti=Inseln in 5200 m, zwischen Japan und
den Sandwich=Inseln in 5600 m Tiefe angetroffen wurden. Tausend=
füße und Insekten fehlen ganz; von Spinnenasseln seien hier die
gelbbraunen Kolossendeisarten genannt, deren lange Beine bis zu zwei
Fuß Klafter, während der eigentliche Körper nur wenige Millimeter
lang ist. Desto verbreiteter ist aber dort das artenreiche Geschlecht der

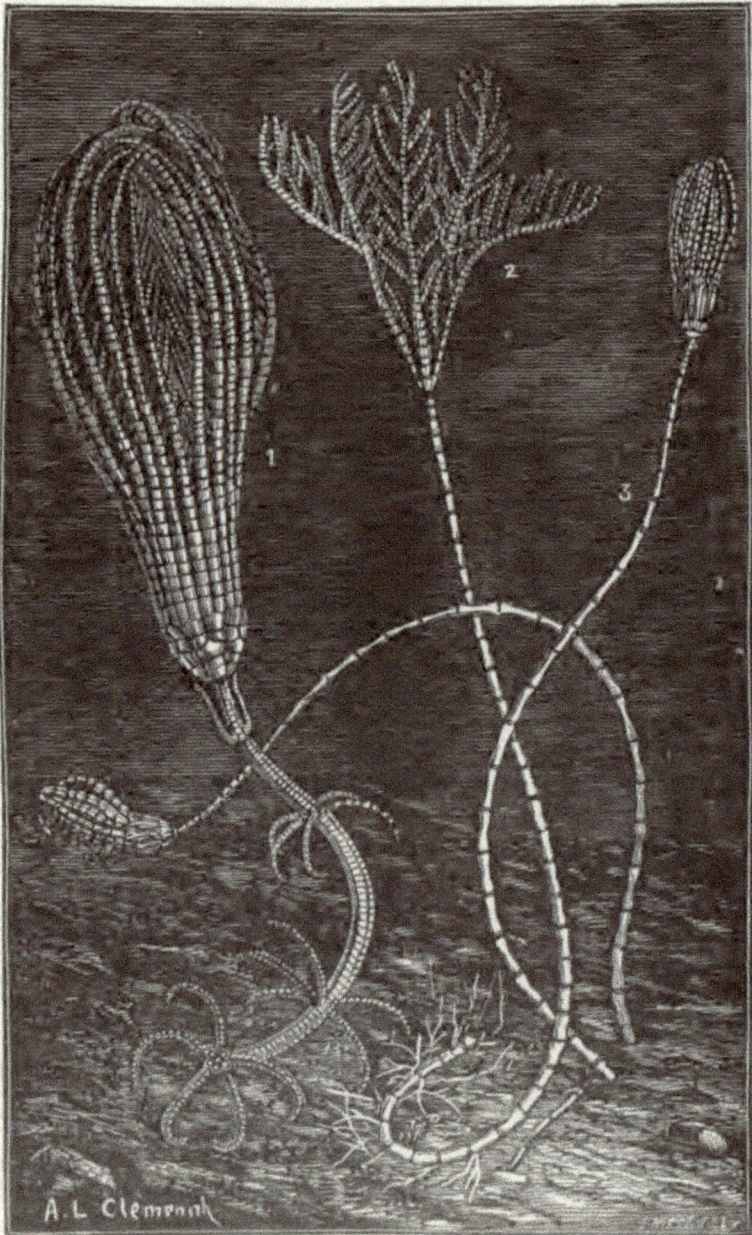

Abb. 24. 1. Pentacrinus Wyville Thomsoni. 2. Rhizocrinus lofotensis. 3. Bathycrinus gracilis.

Krebse. Sie machten in antarktischen Breiten manchmal etwa ein Fünftel der ganzen Beute aus größeren Tiefen aus. Unter diesen ist die Riesen= assel (Bathynomus giganteus) zu nennen, die die für diese Gruppe kolossale Größe von 23 cm erreicht, ferner die Gnathophausien, deren dünnhäutiges Rückenschild nur die Schwanzsegmente freiläßt, endlich blinde (Thaumastocheles, Abb. 26), zum Teil aber auch mit guten Augen versehene Zehnfüßler, die durch ihre faden= dünnen Fühler und riesenlangen Beine ebenso auf= fallen (Nematocarcinus, Hapalopoda), wie durch ihre oft hochroten, violetten oder braunen Fär= bungen.

Die Fische der Tiefsee, die uns hier besonders interessieren, geben sich schon durch ihr Äußeres als Bewohner jener finsteren Gründe zu erkennen; ihre Grundfarbe ist meist ein tiefes Sammetschwarz, Flecken oder besondere Zeichnungen fehlen ihnen. Fast allen gemein ist ein mit Zähnen gespicktes, sehr großes Maul, dessen Unergründlichkeit bei dem im Schlamme hausenden Melanocetus Johnstoni (Abb. 27, 3) durch einen riesigen Magensack, der drei Viertel des Tieres ausmacht, gekennzeichnet wird; beim Pelikanfisch (Saccopharynx peleca= noides, Abb. 27, 1), einem im übrigen aalartig

Abb. 25. Antedon rosacea. Pentacrinusstadien in ver= schiedener Entwicklung.

aussehenden Fisch, findet das riesige Maul eine Fortsetzung in einem mächtigen Kehlsack, so daß das Tier, wie Marshall treffend sagt, „in sei= ner Gestalt Löffel und Trichter vereinigt". Wie der unersättliche Moloch, einer lebenden Fischreuse vergleichbar, werden die Tiefseefische mit weit geöffnetem Maule die weite Wasserwüste durchziehen, ruhelos und ohne Heimat. Viele Tiefseefische haben das Gemeinsame, daß ihr Körper mit langen Anhängen versehen ist, die teils am Kopfe, an den Lippen, ent= springen, teils mächtig verlängerte Flossenstrahlen sind (Stomias, Eu= stomias, Melanocetus, Malacosteus); die Bauchflossen sind im allge= meinen wenig entwickelt, der Schwanz meist spitz zulaufend, und der Körper neigt zur Abplattung. Über die ihnen eigentümlichen Leucht= organe werden wir an anderer Stelle zu sprechen haben.

Wie schon vorher gesagt, haben neuere Beobachtungen, namentlich die der Deutschen Tiefsee=Expedition festgestellt, daß eine Anzahl der bisher zur Grundfauna gerechneten Tierformen auch in weniger tiefen, in den sog. intermediären Schichten angetroffen werden. Sie gehören danach mehr zu jenen Tieren, die man als pelagische bezeichnet, d. h.

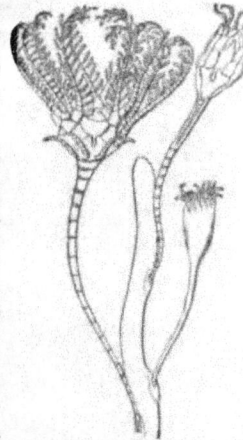

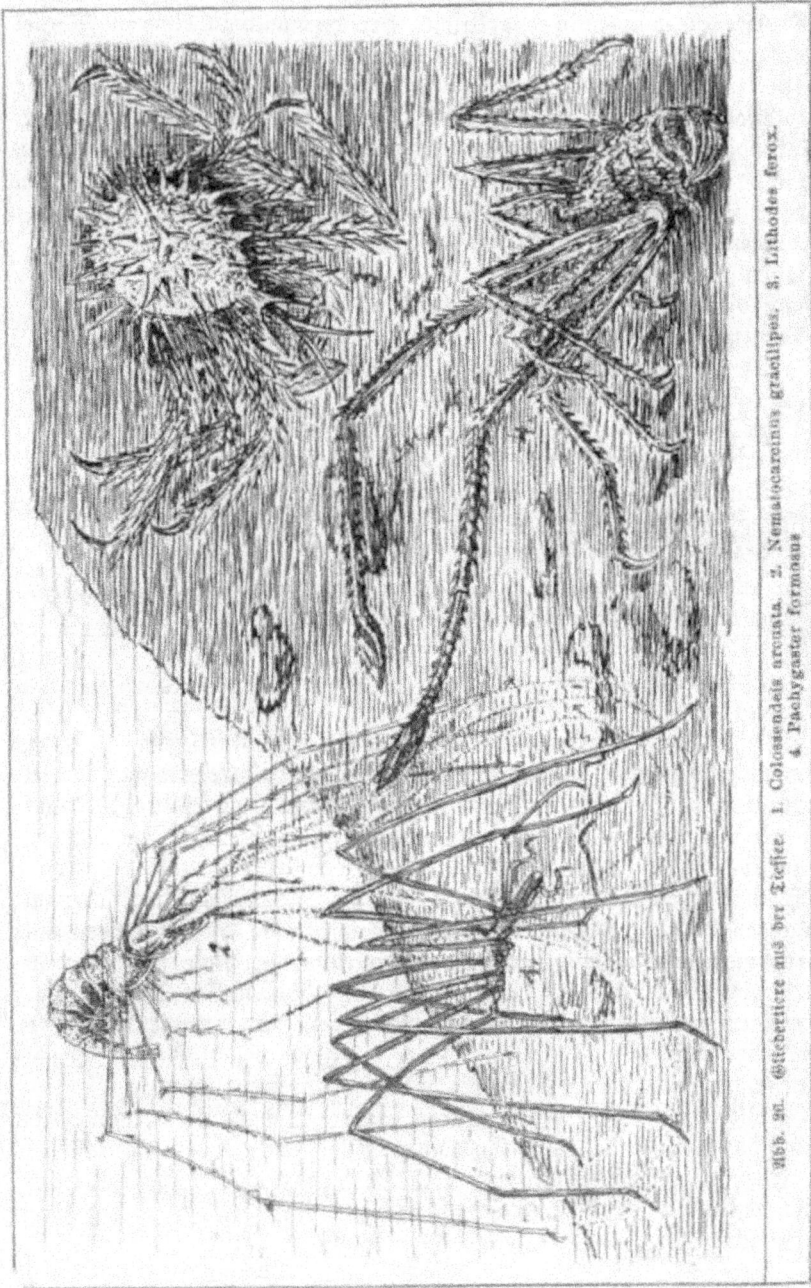

Abb. 20. Gliedertiere aus der Tiefsee. 1. Colossendeis arcuata. 2. Nematocarcinus gracilipes. 3. Lithodes ferox. 4. Pachygaster formosus

solche, die ohne feste Heimat in den mittleren Schichten sich aufhalten. Es hat sich ferner die Tatsache herausgestellt, daß zahlreiche Tierformen sowohl im Nördlichen als auch im Südlichen Eismeer angetroffen werden, in den zwischen beiden liegenden Gebieten aber fehlen. Man bezeichnet diese auffallende und nicht leicht zu erklärende Erscheinung mit dem Namen der „Bipolarität" der Tierwelt. Sie ist weniger ausge=

Abb. 27. Tieffeefiſche. 1. Saccopharynx pelecanoides. 2. Eustomias obscurus. 3. Melanocetus Johnstoni.

prägt in der Tierwelt der Flachsee und der Küstenregionen, deutlich dagegen in der Fauna der Tiefsee, die trotz der dort herrschenden Gleichförmigkeit der Lebensbedingungen nicht überall gleich, sondern in erster Linie von den in den oberen Schichten lebenden Nährorganismen abhängig ist. Am auffallendsten ist die Gleichheit der Arktis und der Antarktis in bezug auf die noch zu erwähnenden Planktonorganismen. Es sind hauptsächlich zwei Theorien, die diese Bipolarität erklären sollen, aufgestellt; die „Reliktentheorie" sagt, daß im Anfang der Tertiärzeit infolge des gleichmäßigen Klimas die Tierwelt auf der Erde auch sehr gleichmäßig verteilt gewesen sei, und daß nach Abkühlung der beiden Pole die Tierwelt der äquatorialen Gebiete sich besser entwickelte als die der Pole; die „Migrationstheorie" dagegen nimmt eine Wanderung der Tiefseetiere auf dem Meeresboden von Pol zu Pol an. Da aber über diese Untersuchungen die Akten noch längst nicht geschlossen sind, wollen wir uns wieder hinaufwenden zu Licht und Sonne, zu der charakteristischen Fauna, die die Oberflächenschichten bevölkert, der Tierwelt des Plankton.

Welch ein Gegensatz zu der stillen Finsternis der Tiefe! Hier ist doch
wieder Licht, hier treiben Wind und Wellen wieder ihr Spiel! Auf
der andern Seite aber auch wieder ein bemerkenswerter Unterschied
von der Flachsee. Dort fanden wir die Tiere an ihren Lieblingsplätzen,
die einen versteckt in den üppigen Tangwäldern, andere im Schlamm
auf ihre Beute lauernd; diese zogen steile, felsige, jene sandige Küsten
vor; je nach ihrer Vorliebe fanden wir die einen nahe den Mündungen
von Flüssen, die anderen durch die zurücktretende Flut auf dem schlam=
migen Grund gebettet, kurz, jeder dieser Küstenstriche hatte gewisser=
maßen seine eigene kleine Welt, die, wenn auch natürlich ineinander
übergehend, doch durch besondere Tierformen gekennzeichnet wird. Über=
all in der Tierwelt der Flachsee fanden wir Anpassungen an die Um=
gebung, in bezug auf die Farbe an den bald steinigen, bald sandigen
Untergrund, oft auch hinsichtlich der Form an die Pflanzen. Alles das
fällt fort, je weiter wir uns von der Küste entfernen. Hier ewiger
Wechsel, dort die weite Fläche des Meeres, getragen von den lichtlosen
Abgründen, mit ziemlich gleichem Salzgehalt, gleichen Lichtverhältnissen,
gleicher Nahrung. Auch die pelagische Fauna ist größtenteils kosmo=
politisch; nur für viele nahe der Oberfläche lebende Tiere gibt es eine
Grenze nach den Polen hin; wo also andere trennende Unterschiede
fehlen, tritt die Temperatur der gleichmäßigen Ausbreitung hindernd
entgegen. Auf den ersten Blick erscheint es auffallend, daß besonders
die nördlichen Meere planktonreicher sind als die südlicheren, daß nicht
im Hochsommer die Zeit größter Entfaltung ist, sondern im Vorfrüh=
ling. Doch diese Erscheinung hängt mit den horizontalen und verti=
kalen Wasserströmungen zusammen; ein reiches Planktonleben entwickelt
sich immer da, wo ein kräftiger Wasserwechsel stattfindet, und Hand in
Hand mit der Entwicklung des ersteren geht das Auftreten von Fischen
und anderen größeren Meertieren, die von den kleinen Planktonwesen
leben. Darauf beruht auch der Fischreichtum beispielsweise der islän=
dischen Gewässer.

Die ganze Lebenstätigkeit der Planktonorganismen vereinigt sich, wenn
man so sagen darf, in dem Bestreben, in dem flüssigen Nährelemente zu
schweben; Horizontalbewegungen haben wenig Zweck, wohl aber Vor=
richtungen, die ein Steigen oder Fallen möglich machen, und wir wer=
den sehen, daß die Tiere auf sehr verschiedene, oft äußerst sinnreiche
Weise dieses Ziel zu erreichen gewußt haben. Ihre Zahl kann so groß
sein, daß das Wasser dann mehr das Ansehen eines Breis oder einer
Suppe erhält. Sie geben das Futter für die kleinsten tierischen Lebe=
wesen ab, zunächst für die Milliarden von Foraminiferen und Ra=

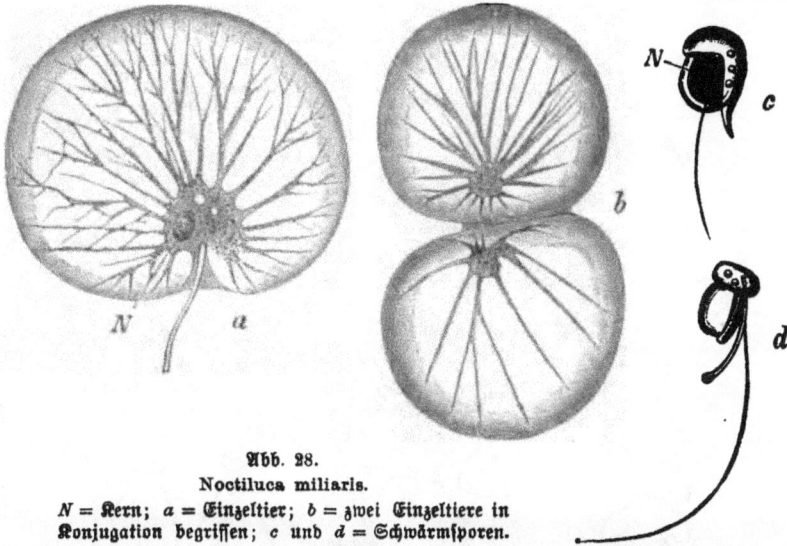

Abb. 28.
Noctiluca miliaris.

N = Kern; a = Einzeltier; b = zwei Einzeltiere in
Konjugation begriffen; c und d = Schwärmsporen.

biolarien. Beide Ordnungen gehören zu den Planktontieren und unter=
scheiden sich, wie wir sahen, vor allem dadurch, daß erstere ein Kalk=
gehäuse, letztere ein Kieselskelett abscheiden. Je nach der Anzahl der
Kammern unterscheidet man die Foraminiferen (Abb. 7) als einkam=
merige (Monothalamien) mit nur einer meist größeren, manchmal sieb=
artigen Öffnung, und vielkammerige mit zahlreichen kleinen Poren
(Polythalamien), bei denen die Kammern nach bestimmten Gesetzen
aneinander gereiht sind und untereinander in Verbindung stehen. Be=
wegung, Atmung und Nahrungsaufnahme geschieht durch die aus der
Öffnung heraustretenden Schleimfäden, die sog. Pseudopodien. Die
Vermehrung scheint sich so zu vollziehen, daß der ursprünglich einzige
Kern in Teilstücke zerfällt, denen der ganze Körper folgt und so eine
Anzahl junger einkerniger Tiere liefert. Eine ähnliche Art der Fort=
pflanzung kennt man auch von den Radiolarien (Abb. 8), deren For=
menschönheit und Artenreichtum uns Ernst Haeckel in Bild und Wort
gezeichnet hat; gelegentlich kommt auch wohl Koloniebildung (Collo=
zoum) vor. Zweitens findet sich bei ihnen noch eine Vermehrung durch
Schwärmer vor.

Auch die einzellige, pelagisch lebende Noctiluca miliaris (Abb. 28),
deren äußerem Körperrande gelegentlich ein sanftes Phosphorlicht ent=
strömt, gehört zu den Planktontieren. Die kleinen Wesen erscheinen oft
in so ungeheuren Mengen an der Meeresoberfläche, daß sie dort eine

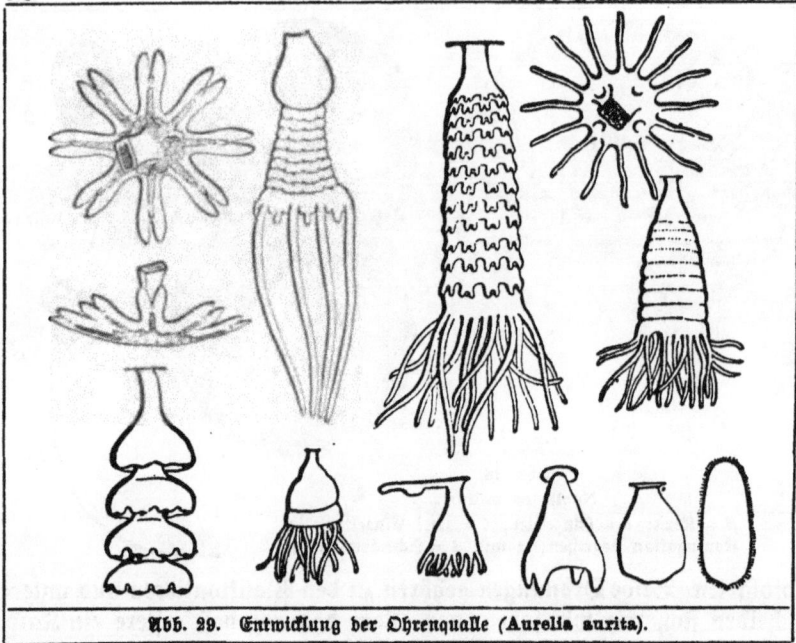

Abb. 29. Entwicklung der Ohrenqualle (Aurelia aurita).

ein bis zwei Finger dicke Schleimschicht bilden, die bei Tage das Meer manchmal rötlich färbt, bei Nacht aber ein sanftes Licht ausstrahlt, das bei Erregung des Wassers an Stärke zunimmt. Die Noctiluca bewohnt das Mittelmeer, den Nordatlantischen Ozean und die Nordsee, findet sich aber seltener in der salzärmeren Ostsee.

Den einzelligen oder Urtieren schließt sich eine große Anzahl zum Teil anfangs einfach gebauter Larven höherer Tiere an, die die Oberflächen= schichten des Meeres oft in enormer Anzahl bevölkern, während ihre Eltern in der Tiefe leben, wohin auch die jungen Tiere nach vollzogener Verwandlung sich senken. Die Fortpflanzungsfähigkeit der meisten See= tiere ist eine ganz außerordentliche; man braucht nur einmal die trau= benförmigen Eierstöcke eines Seesternes gesehen zu haben, um das be= greifen zu können. Dazu kommt noch, daß sehr viele Meerestiere keine Periode der Fortpflanzung zeigen, sondern daß man in ihren Eier= stöcken jederzeit reife Geschlechtsprodukte findet. Die meisten Tiefsee= tiere sind lebendig gebärend. Zu diesen pelagisch lebenden Jugendfor= men gehören die Winterlarven der Schwämme, die einfach gebauten Ephyrenlarven der Schirmquallen (Abb. 29), die zum Teil schon weit vorgebildeten, ebenfalls bewimperten Jugendzustände der später fest=

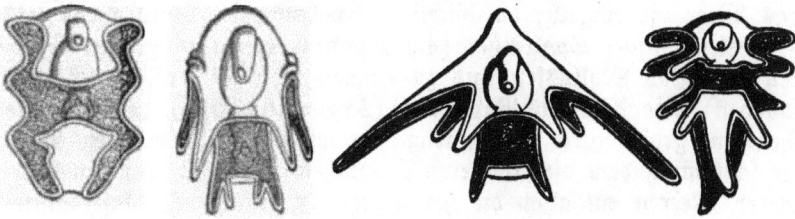

Abb. 30. Larven. A Seestern, B Schlangenstern, C Seeigel, D Seewalze.

sitzenden Aktinien und anderer Korallentiere, sowie die merkwürdigen, im Gegensatz zu den erwachsenen Tieren zweiseitig gebauten Larven der Stachelhäuter (Abb. 30). Sie erhalten ferner durch Bildung von allerlei lappigen, am Rande bewimperten Auswüchsen und dünnen, oft von feinen Kalkstäben gestützten Armen ein so auffallendes Äußere, daß man diesen Larven besondere Namen gegeben hat. Dahin gehören ferner die verschiedenen Wimperlarven der Würmer, der einäugige Nauplius und andere Entwicklungsformen (Abb. 31) der im Meere so überaus zahlreichen Krebse, dann die bewimperten Larven vieler Muscheltiere. Aber auch manche Fische haben ganz abweichend gestaltete Larven, die offenbar dem pelagischen Leben angepaßt sind und sich erst später wieder der Küste oder der Tiefe zuwenden, wo ihre Eltern wohnten. Zwar kommen auch Ausnahmen vor; so entwickeln sich die Larven der Segelqualle (Velella) in einer Tiefe von mehr als 1000 m, um erst später an die Oberfläche hinaufzusteigen.

Eine große Menge Tiere hat sich auch in fertigem Zustande dem pelagischen Leben angepaßt. Dazu gehören die Juwelen des Meeres, die mannigfach gestalteten, glockenförmigen Quallen (Abb. 32) von mikroskopischer Kleinheit bis zu 1 m Durchmesser (Chrysaora, Rhizostoma, Aurelia), die schwimmenden, glashellen, vornehmlich den tropischen Meeren angehörenden Schwimmpolypen oder Siphonophoren (Physalia, Physophora Abb. 33, Velella) und die zarten, eleganten Rippenquallen (Beroe, Pleurobrachia, Cestus Veneris). Zahllos ist das Heer der pelagischen Krebse, meist Tierchen von wenigen Millimetern Länge. Kleine Ruderfüßer (Copepoden), die Hauptnahrung des Herings und seiner Verwandten, darunter die leuchtend irisierende Sapphirina, färben

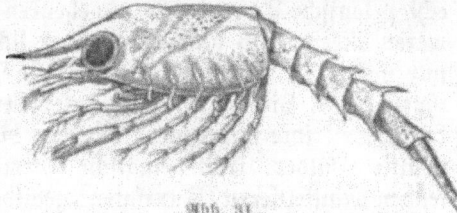

Abb. 31.
Larve des Hummers (Homarus vulgaris).

das Meer oft rotgelb; durchsichtige Schalenkrebse (Ostracoden) und garneelenähnliche Spaltfüßer (Schizopoden) treten in großen Scharen auf. Von Mollusken sind zu nennen viele Tintenfische (Cephalopoden), besonders das Papierboot (Argonauta argo), dessen Weibchen eine große, zarte Schale trägt, die wie ein Kahn auf dem Wasser schwimmt, dem viel kleineren Männchen aber fehlt. In den wärmeren Meeren enthalten die heraufgeholten Schließnetze fast immer

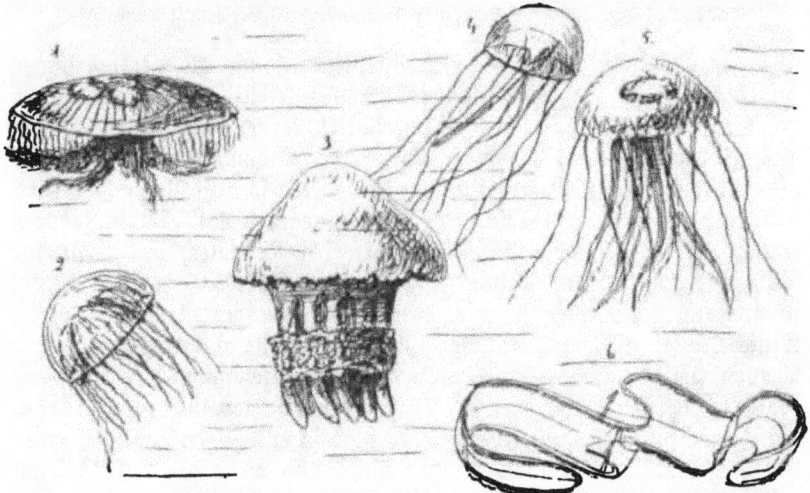

Abb. 32. Pelagische Quallen: 1. Aurelia aurita, 2. Olindias Müllerie, 3. Rhizostoma pulmo, 4. Carmarina hastata, 5. Pelagia noctiluca, 6. Cestus Veneris.

größere oder geringere Mengen von eigenartigen Schnecken von gallertartiger Körperbeschaffenheit, Heteropoden und Pteropoden. Erstere, die Kielfüßer (z. B. Carinaria, Atlanta), zeigen einen in eine seitlich zusammengedrückte, senkrechte Flosse umgeänderten Fuß. Die in mancher Hinsicht an die Tintenfische erinnernden Pteropoden sind teils schalentragende, teils nackte, augenlose Schnecken mit eigentümlich segelförmig gebildeten Lappen, die den Fuß darstellen (Clio, Creseïs u. a.); sie sind echt pelagische Tiere, die in ungeheuren Schwärmen besonders in wärmeren Meeren sich finden, tagsüber sich in mäßiger Tiefe halten und nur nachts bei ruhigem Wetter an die Oberfläche steigen. Manche von ihnen (Clio, Limacina) sind unter der Bezeichnung Walfischaas bekannt, weil ihre ungeheuren Mengen die Hauptnahrung der mächtigen Waltiere bilden. Echt pelagische Formen sind endlich die aus leuchtenden Manteltieren (Tunikaten) gebildeten Kolonien der Feuerwalzen (Pyrosoma), die, in Form zapfenartiger Hohlkegel, mit dem geschlossenen

Ende nach vorn eine Rückwärtsbewegung durch den Stoß des aus dem anderen Ende getriebenen Wassers ausführen können, sowie die Ketten der Salpen und andere Tunikaten. Es ist beobachtet worden, daß derartige Schwärme von Quallen, Salpen, Flügelschnecken u. a. sich sehr oft in der Nähe von Meeresströmungen vorfinden, und vor allem dort, wo solche sich treffen.

Von Fischen sind in erster Linie pelagisch lebend die Haie (Squalidae) mit dem Lotsenfisch (Naucrates), die auf ihren Raubzügen weite Meeresgebiete durcheilen, die Flugfische (Dactylopterus, Exocoetus), sowie ihre Verfolger, die farbenprächtigen Goldmakrelen (Coryphaena) und manche andere. Viele Hochseefische pflegen übrigens tagsüber in größeren Tiefen sich aufzuhalten und nur nachts bei gutem Wetter an die Oberfläche zu kommen. Wale, die oft wie die Möwen den Heringszügen folgen, scheinen nach Vanhoeffens Beobachtung eher Küsten- als Hochseetiere zu sein.

Abb. 33.
*Physophora hydrostatica.

X. Abschnitt.

Anpassungserscheinungen bei den Meerestieren.

Wir hatten schon wiederholt Gelegenheit, darauf hinzuweisen, daß die Tiere des Meeres in ihren so vielseitigen Erscheinungsformen eine große Reihe oft sehr auffallender Einrichtungen zeigen, die ihnen den Aufenthalt in den verschiedenen teilweise recht ungünstig erscheinenden Verhältnissen erleichtern oder überhaupt erst möglich machen. Die Flachsee mit ihren so rasch wechselnden Lebensbedingungen, die großen, lichtlosen, unter enormem Druck stehenden und fast unbewegten Tiefen, die eines jeden Ruhepunktes baren Gebiete der pelagischen Fauna mit ihren eigenartigen Verhältnissen zwangen die Bewohner, sich irgendwie anzupassen, Einrichtungen zu treffen, die ihnen das Leben in ihrem beweglichen Element nach Möglichkeit erleichtern konnten. Auf mannigfaltige Art und Weise hat sich die Tierwelt gegen die Brandung an den Küsten zu schützen gewußt. Vielfach sind es feste, durch Kalkeinlagerungen gebildete Panzer, durch die die Tiere zugleich auch vor feindlichen Angriffen gesichert sind, wie wir das bei zahlreichen höheren Krebstieren, den Stachelhäutern, Muscheln und Schnecken ganz allgemein finden. Wo die Natur diesen Schutz nicht gewährt, haben manche Tiere sich auf eigene Weise zu helfen gewußt. Kleine Krebse (Pontonia, Pinnotheres) verkriechen sich in die Schalen von Muscheln, besonders der Steckmuschel (Pinna) und suchen dort Schutz. Das bekannteste Beispiel für das Schutzbedürfnis bietet aber

Abb. 34. Einsiedlerkrebs (Pagurus) in der Schale eines Wellhorns (Buccinum) mit zwei Aktinien (Sagartia).

der Einsiedlerkrebs (Pagurus bernhardus, Abb. 34), der seinen weichen Hinterleib mit den zu Haftorganen umgewandelten Fußstummeln in der leeren Schale des Wellhorns (Buccinum) birgt, aus welcher der gepanzerte Vorderkörper mit den gierig nach Beute ausschauenden Augen hervorragt. Man kennt von diesen Eremiten mehr als hundert Arten, von denen etwa ein Viertel den europäischen Meeren angehören, und die die Schalen verschiedener Schnecken als Wohnung benutzen. So fand die Valdivia-

Expedition einige Arten, die in den zahnartigen Schalen von Dentalium wohnen. Interessant sind uns ferner diese Einsiedlerkrebse, weil gewisse Arten von ihnen sich durch ein auffallendes Freundschaftsverhältnis zu ganz anders gearteten Wesen, den Seerosen, auszeichnen, die sich auf die Schneckenschale festsetzen und das Gewicht des mitgeschleppten Wohnhauses sicher beträchtlich vermehren, dafür aber mit ihren giftigen Nesselkapseln ihren Träger vor Angriffen schützen. Selbst Einsiedlerkrebse aus 5400 m Tiefe (Pagurus abyssorum) pflegen dieses Freundschaftsverhältnis. Die Tiere scheinen sich ohne ihre Freundin nicht recht wohl zu fühlen, ja, manche von ihnen wohnen in ausgewachsenem Zustande geradezu in einer Kolonie solcher Tiere, wohlgeschützt durch deren Nesselkapseln, und es ist beobachtet worden, daß sie möglichst schnell für Ersatz sorgen, sobald ihnen auf irgendeine Weise ihr Begleiter abhanden gekommen ist. Im Anschluß daran mag eine kleine Krabbe (Melia tesselata) erwähnt werden, die eine Seeanemone beständig in ihren beiden Scheren trägt.

Als eine Schutzvorrichtung und im weiteren Sinne als eine Anpassung an das Leben in der beweglichen Küstensee mag auch die Fähigkeit gelten, etwa durch den Wellenschlag oder im Kampf ums Dasein

verloren gegangene Teile des Körpers wieder zu ersetzen, zu regene-
rieren. Von den die Scheren abwerfenden Krabben haben wir vorhin
bereits gesprochen, ganz Ähnliches ist von zahlreichen anderen Krebstieren bekannt (Alpheus, Dorippe u. a.). Diese Regenerationsfähig-
keit besitzen besonders die Stachelhäuter in hohem Grade; der Schlangenstern Ophioderma longicauda wirft bei Angriffen oft sämtliche Arme
ab, und von manchen Seesternen (z. B. Asteracanthion tenuispinum)
findet man so selten vollkomme, mit lauter normalen Armen versehene
Tiere, daß man eher von einer absichtlichen Abwerfung zum Zwecke
einer ungeschlechtlichen Vermehrung sprechen möchte als lediglich von
einem Ersatz verloren gegangener Körperteile. Bei manchen Asteroiden
(Ophiactis, Linckia) findet in der Tat eine auf diesem Wege vor sich
gehende ungeschlechtliche Fortpflanzung durch Teilung statt. Ein höchst
eigentümliches Schreck- und Schutzmittel besitzen manche Seewalzen
(Holothuria), die, sobald sie sich verfolgt glauben, ihren Gegnern ihre
sämtlichen Eingeweide ausspeien und vor die Füße legen, und von der
Seelilie Antedon rosacea hat Riggenbach beobachtet, daß sie ruhig weiter-
lebt, selbst wenn sie ihres ganzen Kelchinhaltes beraubt wurde. Für alle
diese Tiere ist die Fähigkeit, durch Selbstverstümmlung und Regene-
ration der im Kampf ums Dasein gefährdeten oder verloren gegangenen
Körperteile weiterzuleben, jedenfalls von der größten Bedeutung. —
Die im Bereich der Grenzen zwischen Ebbe und Flut wohnenden Tiere
haben Einrichtungen, die sie vor dem Austrocknen bewahren; die Muscheln und andere Schalentiere klappen ihre Wohnung fest zu; manche
andere schützen sich durch Bildung von Deckeln, durch die Möglichkeit
sich einzustülpen, während die Kugelassel (Sphaeroma) ihren Körper
wie ein Igel einzurollen vormag. Viele Bewohner der Küsten haben
die Fähigkeit sich festzuheften. Bei den Schnecken geschieht diese Be-
festigung mittels des als Saugnapf dienenden Fußes, bei den Seeanemonen (Abb. 34) durch die fleischige untere Haftscheibe, und die
Austern scheiden durch ihre poröse Kalkschale hindurch einen Klebstoff
aus, mit dem sie sich an die Unterlage anleimen und so zu Tausen-
den neben- und aufeinander angeheftet sind. Andere Muscheln entbehren
solcher Haftmittel; dafür haben viele aber besonders in der Jugend eine
andere Einrichtung, sie können sich durch feine Spinnfäden fest vor Anker
legen. Diese werden durch die im Fuße liegende Byssusdrüse geliefert,
aus der ein im Wasser erhärtendes Sekret heraustritt. Das bekannteste
Beispiel ist hierfür unsere eßbare Miesmuschel (Mytilus edulis), von
der man manchmal kopfgroße Klumpen von Steinen oder Holzpfählen
ablösen kann. Wo solche natürliche Befestigungsmittel im Kampf gegen

Strömung und Wellenschlag fehlen, vergraben sich die Tiere in den Schlamm und Sand; das gilt ebenso für viele Muscheln, die nur ihre langen Atem= und Auswurfröhren herausstrecken, wie für viele schnell= füßige Krabben und manche Fische. Wo felsiges Gestein ansteht, wo der Boden mit dem Gerölle der Brandungswelle bedeckt ist, wird dieses angebohrt. Derartige bohrende Tiere sind aus zahlreichen Ordnungen des Tierreiches bekannt, ohne daß man immer wüßte, auf welche Weise sie die Löcher herstellen. Ein kleiner Schwamm (Vioa) gräbt sich in den Kalk der Korallen und Muscheln ein, gewisse Seeigel (Strongylocentrotus) bohren durch fort= während es Umdrehen ihres stachelbewehrten Leibes tiefe Löcher in die Felsen, unter den Krebstieren ist eine Asselart (Limnoria) zu erwähnen, unter den Mollusken sind es die ihre Schale als Feile be= nutzenden Pholas=Arten, die Meerdattel (Lithodo= mus) und der Schiffsbohrwurm (Teredo navalis), der Feind der Schiffe und Hafenbauten. Von diesen in selbstgewählten Gefängnissen lebenden Tieren bis zu den dauernd oder doch während des größten Teils ihres Lebens festsitzenden ist nur ein Schritt. Dabei

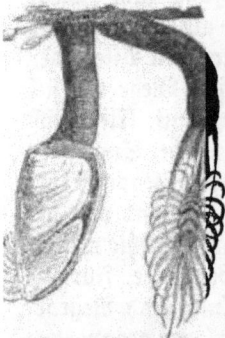

Abb. 35. Entenmuschel (Lepas anatifera).

fällt uns auf, daß bei letzteren die Bewegungsorgane zurückgebildet werden; an ihre Stelle treten lange, oft kreisförmig gestellte Fangarme (Bryozoen, Serpula, Lepas Abb. 35, Balanus) zur Aufnahme der Nahrung und Erneuerung des Atemwassers, oder Wimperbewegung (Schwämme). Ganz allgemein findet man aber bei den festsitzenden Tieren, daß ihre Larven für kürzere oder längere Zeit frei im Wasser sich umhertummeln und erst später die Lebensweise ihrer Eltern annehmen, und wir haben schon früher Gelegenheit gehabt, auf die Wichtigkeit dieser Einrichtung hinzuweisen. Im engen Zusam= menhang mit der festsitzenden Lebensweise steht die Stock= oder Kolonie= bildung, die bei zahlreichen niederen Tieren (Korallen, Moostieren, Aszidien u. a.) finden; so wird dem ganzen, aus zahlreichen zarten Ge= schöpfen aufgebauten Stamme erst der feste Halt, den das Einzeltier allein sich nicht würde verschaffen können, zuteil.

Auch die Anpassung in der Farbe spielt bei der Küstenfauna eine Rolle; die zahlreichen dichten Wälder der Laminarien und Fucoiden, die verschiedene Färbung des Strandes oder der Korallenbänke lassen die Vorteile einer Schutzfarbe leicht einsehen. Ganz allgemein sind be= kanntlich die Fische auf der Unterseite hell glänzend, auf dem Rücken dagegen dunkel gefärbt; so sind sie vor Entdeckung durch einen über

oder unter ihnen befindlichen Feind nach Möglichkeit geschützt. Tief=
seefische zeigen diese Unterschiede meist nicht. Besonders auffallend ist
die Fähigkeit, sich der Farbe ihrer Umgebung anzupassen, bei manchen
Plattfischen, so bei unseren Schollen (Pleuronectae), die ihre komisch
verdrehten Augen gierig aus dem Sande herausheben, indem ihr übri=
ger Körper zum Teil vergraben ist. Die Augenseite ist dunkel gefärbt,
die andere heller; die erstere vermag sich der jeweiligen Farbe des Un=
tergrundes so sehr anzupassen, daß es oft schwerhält, die Tiere zu er=
kennen. Ähnliches gilt von unserem Dorsch oder Kabeljau (Gadus mor-
rhua); die graue und rote Varietät scheint als solche gar nicht zu exi=
stieren, sondern die verschiedene Färbung ist nur eine Folge der Um=
gebung, wie Hjorth, der Leiter der norwegischen Fischereiexpedition,
experimentell nachweisen konnte. Erst bei näherem Zusehen entdeckt man
ferner die durch die eigentümliche Brutpflege der Männchen bekannten
Seepferdchen (Hippocampus), die zwischen den Tangbüscheln mit Hilfe
ihres Wickelschwanzes klettern, die schlanken See= und Schlangennadeln,
von denen ein australischer Vetter, der Algenfisch (Phyllopteryx eques)
durch Bildung von dornigen und lappigen Anhängen und durch seine
Färbung den Seepflanzen seiner Umgebung zum Täuschen gleicht. Be=
sonders auffällig ist das auch bei dem bereits früher erwähnten An=
tennarius, der zwischen den Sargassobündeln mit Hilfe seiner finger=
artigen Fortsätze klettert, beim Seeteufel (Lophius piscatorius) mit sei=
nem Riesenmaul und den algenähnlichen Flossenresten, sowie bei man=
chen Fischen der Korallensee, während gewisse Seeigel (Toxopneustes,
Strongylocentrotus) sich dadurch den Blicken ihrer Gegner zu entziehen
versuchen, daß sie mit Hilfe ihrer zahlreichen Saugfüßchen Muschel=
schalen, Steinchen und dergleichen auf ihren Körper bringen und dort
festhalten. Eine derartige Anpassung durch Maskierung ist weit ver=
breitet bei den Muscheln oder Schnecken, deren Schalen oft mit aller=
lei tierischen oder pflanzlichen Organismen bedeckt und bewachsen sind
und so einen ganz andern Eindruck abgeben als die Exemplare un=
serer Sammlungen. Was bei diesen Tieren wohl mehr ein Werk des
Zufalls ist, ist bei manchen Krabben zum Bedürfnis geworden; so sieht
man die Wollkrabbe (Dromia) immer in Gemeinschaft mit dem Kork=
schwamm (Suberites domuncula), und es ist bei ihnen und bei skan=
dinavischen Dreieckkrabben beobachtet worden, daß die Tiere sich offen=
bar ohne ihren tierischen und pflanzlichen Schutz ganz unglücklich füh=
len und mit Hilfe ihrer scherentragenden Vorderbeine möglichst rasch
für eine neue Bedeckung ihres Körpers sorgen, falls man ihnen die
alte genommen hat.

Wenden wir uns jetzt den Tieren der Tiefsee zu, so finden wir
dort ganz andere Lebensbedingungen, je mehr wir uns den größeren
Tiefen nähern. Schon nach kurzer Zeit umgibt uns finstere Nacht, die
Temperatur nimmt erst schnell, dann langsam ab, um schließlich überall ziemlich konstant zu bleiben, und an Stelle des bewegten Wassers,
das die vielen Anpassungserscheinungen bei den Flachseebewohnern erzeugte, umgibt uns hier starre Ruhe. Sie hat bei den strahlig gebauten Tieren, vor allem bei den Schwämmen, viel vollere, rundlichere
Formen erzeugt; an Stelle der den Einzeltieren Schutz und Halt ge-
währenden Kolonien sehen wir hier öfters Einzelwesen. Die Tiefseebewohner leben wie Bäume in einem geschützten Tal; alle Stürme
des Meeres ziehen hoch über ihren Häuptern dahin, und nur langsam
wälzen sich die kalten Polarwasser dem Äquator zu. Alle Unterschiede
gleichen sich dort bis auf geringe Abweichungen aus; die Verhältnisse
der Tiefseeschichten im Atlantischen Weltmeer sind fast dieselben wie
im Großen Ozean und in anderen offenen Meeren, und wenn wir dazu bedenken, daß im Meere wirklich unüberschreitbare Grenzen wohl
nicht vorhanden sind, so ist es nicht zu verwundern, daß die Mehrzahl
aller Tiefseetiere Kosmopoliten sind, daß die Tiefseefaunen räumlich
weit getrennter Gebiete sich in keiner besonderen Eigenschaft voneinander unterscheiden. Das haben die letzten Forschungsreisen wieder bewiesen. Freilich sind uns diese Verhältnisse bei weitem noch nicht vollständig bekannt; aber von vielen Tiefseebewohnern wissen wir, daß sie
sich ebenso finden unter den Breiten der tropischen Gebiete wie unter
der eisstarrenden Fläche der Polarmeere. Von jeher hatte man als
Hauptgrund für die Behauptung, daß die größeren Tiefen des Meeres
ohne organisches Leben sein müßten, den kolossalen Druck angeführt,
der dort herrscht. Er mag in den größten rund 900 Atmosphären betragen. Aber geradeso, wie sich die Tiere hoher Gebirgsregionen an
den verminderten Druck angepaßt haben, befinden sich auch die Tiefseetiere unter diesem so außerordentlich verstärkten Druck ganz wohl,
da dem auf sie wirkenden Außendruck ein ebenso großer Innendruck
in ihren Geweben gegenübersteht. Außerdem ist es wahrscheinlich, daß
viele Tiefseetiere ganz bedeutende vertikale Unterschiede ohne Schaden
ertragen können. Gerade die letzten Tiefsee-Expeditionen haben ja, wie
wir bereits sahen, den Nachweis gebracht, daß Tiere, die man bislang
nur als Oberflächenformen kannte, auch in bedeutenderen Tiefen angetroffen werden, und umgekehrt.

Es scheint, daß es weniger der allerdings gewaltige Druckunterschied
ist, der bewirkt, daß die allermeisten vom Netz heraufgeholten Tiefsee-

tiere tot an die Oberfläche kommen, sondern vielmehr die Temperaturveränderung. Jedenfalls ist die Fähigkeit, sich einem geänderten Wasserdruck anzupassen, bei den einzelnen Lebewesen der Tiefsee sehr verschieden stark ausgebildet.

Bei vielen Tiefseefischen, die die Fähigkeit nicht haben, breitere Tiefenzonen zu durchmessen, zeigen die Knochen sich sehr arm an Kalk; sie sind weich und faserig und zerfallen beim Heraufholen. Zugleich zerreißt beim Heraufholen der im Körper gleich gebliebene Druck die Gewebe, die Augen und Eingeweide quellen heraus und die Schuppen lockern sich; die Tiere sterben an der „Trommelsucht", wie die Seeleute sagen, sie gehen an derselben Krankheit zugrunde, die den allzu hoch gestiegenen Luftschiffern so oft das Leben kostet, auch hier verursacht durch den sehr verminderten Druck. Die Hoffnung, daß die Tiefseefischerei fabelhafte Riesen ans Tageslicht bringen würde, ist nicht in Erfüllung gegangen, selbst über die viel besabelte Seeschlange wissen wir heute noch nichts Genaues. Allerdings setzen uns die Größenverhältnisse mancher Tiefseebewohner im Vergleich zu ihren in sonnigeren Gegenden lebenden Verwandten zuweilen in Erstaunen. Die Tubularien, meist kleine, nur wenige Zentimeter hohe Polypen, haben in ca. 5000 m Tiefe einen Vertreter (Monocaulus imperator), der die kolossale Länge von mehr als 2 m hat. Die 23 cm lange Riesenassel (Bathynomus) aus 1700 m Tiefe und die großen Krabbenspinnen (Colossendeis) mit ihren 70 cm klafternden Beinen haben wir bereits erwähnt. Auch unter den höheren Krebsen gibt es solche Riesen; ein solcher ist die Gnathophausia goliath (2270 m) unter den Schizopoden, der seinen Beinamen mit Recht trägt, denn er erreicht die beträchtliche Länge von 25 cm. Als eine Folge der Kalkarmut der Tiefseeschichten sah man lange die Tatsache an, daß die verhältnismäßig in geringer Anzahl dort anzutreffenden Schalen der Weichtiere immer dünner werden, in je tiefere Schichten wir hinabsteigen. Auch die Kalkskelette der Korallen werden immer feiner, und die Krebse erhalten dort einen dünnen durchsichtigen Panzer. Da tatsächlich, wie wir sahen, diese Kalkarmut in den Tiefen nicht besteht, müssen andere Ursachen zur Erklärung dieser Erscheinung gesucht werden, vielleicht das Fehlen von Feinden oder das Bestreben nach einer größeren Beweglichkeit. Dabei fehlt es anderseits auch wieder nicht an Schutz- und Trutzorganen bei den Tiefseetieren. Geradezu gefährlich muß den Meeresbewohnern die stachelbewehrte Krabbe Lithodes ferox erscheinen. Da ihr mächtige Waffen in Gestalt von Scheren fehlen, hat die Natur diesem Geschöpfe wie unserem Igel ein spitziges Stachelkleid gegeben, und so zieht es,

ein gepanzerter Ritter des Meeres, auf Raub aus. Denn auf dem Meeres=
grunde gilt der Kampf ums Dasein wohl mehr als irgendwo anders;
alle Tiere sind Fleischfresser, die sich entweder im weichen Schlamm
verkriechen und dort auf Raub lauern (Melanocetus), oder wie lebende
Tiefseereusen mit weit geöffnetem, zähnestarrendem Maule die dunklen
Tiefen durchziehen (Eustomias, Stomias, Malacosteus, Saccopharynx,
Abb. 36) und teilweise für diese Räuberfahrten, wie wir sehen werden,
noch mit ganz besonderen Mitteln ausgerüstet sind.

Besonders muß uns hier die Frage interessieren: wie stellen sich denn
die Meeresbewohner zu den Lichtverhältnissen der Tiefsee? Versuche
hatten, wie wir gesehen haben, gezeigt, daß die Lichtstrahlen schon in
sehr geringer Tiefe für unsere Augen völlig erlöschen, und daß von
geringer Tiefe an für immer schwarze Nacht sein muß. Und doch fin=
den wir in viel bedeutenderen Tiefen noch hoch entwickelte Tiere, ja
sogar solche mit außerordentlich großen und abnorm gebauten Stiel=
und sog. Teleskopaugen (Fische, Tintenfische und Krebstiere), aller=
dings auch — wenn auch nur verhältnismäßig wenig — blinde For=
men. Diese mächtig entwickelten Sehwerkzeuge der Tiefseetiere, von denen
noch später die Rede sein wird und deren Kenntnis letzthin besonders
Chun, v. Lendenfeld, Brauer u. a. gefördert haben, weisen, ausgezeichnet
durch die Größe der Pupille und der Linse, ja gewissermaßen darauf hin,
daß doch noch Lichtstrahlen in diesen Tiefen vorhanden sein müssen, und
es ist ja wohl denkbar, daß es Wesen dort gibt, deren Sehorgane noch emp=
findlicher sind als unsere empfindlichsten photographischen Platten. Aber
die dunklen Abgründe haben einen gewissen Ersatz für das ihnen entzogene
Sonnenlicht darin, daß ihre Bewohner teilweise ihr eigenes Licht mit sich
führen, ein Licht, das zwar nicht allzu hell sein wird, das aber doch im=
stande sein dürfte, der Umgebung einen grünlich leuchtenden Dämme=
rungsschein mitzuteilen, besonders da die leuchtenden Tiere oft zu Milli=
arden vereint sind, wenn sie ihre Lichtstrahlen aussenden. Tiere, die ein
derartiges Leuchtvermögen besitzen, sind, wie die Netzzüge der Tiefsee=
Expeditionen gezeigt haben, verbreiteter als man früher annehmen konn=
te; sie kommen überall im Meere vor, nicht nur in den Tropen, sondern
auch in den Polarmeeren, an der Oberfläche und ebenso in den größ=
ten Tiefen. Es gibt keine der großen Tierklassen, die nicht bei dieser
magischen Illumination ihre Vertreter stellte; selbst leuchtende Tinten=
fische brachten die Netze der „Valdivia" ans Tageslicht. Am bekann=
testen ist die schon erwähnte Noctiluca miliaris, die Hohltiere sind mit
einigen Polypen, Korallen, Aktinien und Rippenquallen vertreten, die
Stachelhäuter u. a. mit der prachtvoll leuchtenden Brisinga, einem

Schlangenstern; seinen Namen verdankt er dem schwedischen Dichter und
Naturforscher Asbjörnson, der ihn so nannte nach dem leuchtenden
Schmucke der Göttin Freya, den der diebische Loki in den unendlichen
Abgründen des Meeres verbarg. Von den Ringelwürmern sind einige
Arten der Familien Nereis, Syllis und Polynoë, sowie die Tomopte=
riden zu erwähnen; eigentümliche augenartige Flecke auf den ruderar=
tigen Flossen dieser Würmer sind als Leuchtorgane erkannt worden.
Auch von den Gliedertieren sind leuchtende Krebse bekannt, wie die groß=
äugigen Euphausiden,
die am Hinterleibe zwei
in tiefem Blau leuch=
tende Laternen besitzen,
und von den Mantel=
tieren gehören die Sal=
pen und Feuerwalzen
zu den wohl am mei=
sten lichtspendenden
Formen. Ebenso gibt
es eine ganze Anzahl
Tiefseefische, die eigen=
tümliche Leuchtorgane

Abb. 36.   Leuchtfische aus der Tiefsee. 1. Stomias boa.
2. Malacosteus niger.

tragen und uns deshalb besonders interessant sind, weil der Bau die=
ser seltsamen Werkzeuge uns durch neue Untersuchungen etwas näher
bekannt ist. Woher kommt aber dieses Licht? Sein grünlich schim=
mernder Glanz, den wir ja von unseren Johanniskäferchen kennen,
erinnert an das Leuchten des Phosphors, hervorgebracht durch dessen
Vereinigung mit dem Sauerstoff der Luft. So nimmt man auch an,
daß das Leuchten der Meerestiere durch eine lebhafte Oxydation, durch
eine infolge der energischen Lebenstätigkeit hervorgerufene Verbrennung
der im Körper der Tiere aufgespeicherten Reservestoffe, wie Fett u. dgl.,
zustande gebracht wird. Man kann das aus der Tatsache schließen, daß
bei einigen leuchtenden Bakterien die Leuchtkraft nachweislich aufhört,
sobald man ihrer Umgebung den Sauerstoff entzieht. Von den Fischen
kennen wir eine ganze Anzahl leuchtender Arten; so trägt der Mala=
costeus niger (Abb. 36) zwei Leuchtflecken jederseits am Kopfe; der
eine strahlt in goldgelbem, der andere in grünlichem Lichte. Mit die=
sen Laternen ausgerüstet, erscheint er wie das abenteuerliche Untersee=
schiff des phantasiereichen Jules Verne. Ein anderer bemerkenswerter
Leuchtfisch ist Stomias boa (Abb. 36), ein Tiefseeräuber von langge=
streckter Gestalt; auf der Unterseite von Kopf, Rumpf und Schwanz

befinden sich Reihen von phosphoreszierenden Punkten. Es gibt noch
eine ganze Anzahl von Tiefseefischen, die derartige Leuchtorgane tragen; teils sind letztere in der Nähe der sogenannten Seitenlinie der
Fische befindlich und deshalb auch mit den in dieser aufgefundenen
eigentümlichen Organen in Zusammenhang gebracht worden, teils finden sie sich als perlmutterglänzende, augenähnliche Flecke oder als Tüp-
fel, Trichter und Höcker an den Seiten, auf und unter dem Kopfe, auf
den Kiemendeckeln und am Maule der Fische. Schon v. Lendenfeld, der
diese merkwürdigen Organe näher untersucht hat, konnte zwei Haupt-
arten unterscheiden: drüsenähnliche, von unregelmäßiger Form und rund-
liche, mehr augenähnliche. Beide können an demselben Tiere auftreten.
Nach den eingehenden Untersuchungen zweier italienischer Zoologen, Chia-
rini und Gotti, werden die drüsenartigen Leuchtwerkzeuge zuweilen von
flaschenförmigen Organen gebildet, deren Hals an der Oberfläche mün-
det; sie kommen bei den Sternoptyxarten und bei den Skopeliden vor.
Ähnliche Leuchtorgane sind auch beim Stachelhai gefunden worden; sie
befinden sich dort auf der Rücken- und Bauchseite des Tieres, und es
ist festgestellt worden, daß sie in einem bunklen Raum drei bis vier
Meter weit sichtbar waren. Einfacher gebaut sind die leuchtenden Perlen an der Seite, die Flecken am Schwanze und die größeren Laternen
am Kopfe; es sind napfförmige Organe, die mit einem durch eine linsen-
artige Schuppe gebildeten Deckel versehen sind. Ihr innerer Bau, auf
den wir hier nicht näher eingehen wollen, zeigt eine so große Ähnlichkeit mit dem Bau der elektrischen Organe des Zitteraals und anderer elektrischer Fische, daß die beiden Forscher annehmen, daß wir
es hier mit ganz ähnlichen Bildungen zu tun haben. Marshall macht
darauf aufmerksam, daß die Fähigkeit, elektrische Ströme zu erzeugen,
bei den Fischen sich öfter finden dürfte als bis jetzt bekannt wäre. Wir
dürfen vielleicht annehmen, daß sich bei den mit solchen Organen aus-
gestatteten Fischen die durch einen lebhaften Stoffwechsel erzeugte elektrische Energie in Licht umsetzt, und daß dem Entstehen des Stromes
eine Oxydation, eine langsame Verbrennung von Stoffwechselproduk-
ten zugrunde liegt; bekanntlich führt man ja auch die elektrische Kraft
des Zitteraals auf einen mit dem Stoffwechsel verbundenen Oxydations-
prozeß zurück. Auch bei den ein Sekret absondernden drüsenförmigen
Leuchtorganen wird vielleicht das Leuchten auf derselben Ursache beruhen. Bei dem Kugelfisch (Porichthys notatus) bestehen nach Greene die
Leuchtorgane aus einem linsenähnlichen Gebilde, einer darunter liegenden, lichterzeugenden Drüsenmasse und einem als Reflektor dienenden
Zellenkomplex. Denselben Grundbau zeigen auch die Leuchtorgane der

Tintenfische, die die „Valdivia" ans Tageslicht brachte und bei denen Brauer vier Grundtypen unterscheiden konnte, deren Beschreibung uns zu lange aufhalten würde; sie befinden sich an Fang= und Fühlfäden, an Flossenstrahlen und oft in großer Menge am ganzen Körper. Im einzelnen ist der Bau dieser Organe natürlich großen Abweichungen unterworfen; ja, bei manchen Tiefseetintenfischen finden sich an dem= selben Tier solche von verschiedener Gestalt. Das veranlaßt Chun da= zu, die Meinung auszusprechen, daß möglicherweise auch ein verschiedenes Licht von den verschieden gebauten Organen ausgehe.

Wie verhalten sich nun die nicht mit solchen Lichtquellen ausgerüsteten Tiefseetiere zu dieser künstlichen Beleuchtung? Fliehen sie dieses Licht oder zieht es sie an? Und welchen Nutzen gewährt dieses Leuchtvermögen seinen Besitzern? Den räuberischen Tiefseefischen dient es offenbar als Lockmittel für ihre Beute. Viele Meerestiere werden durch das Licht angezogen, wie die Mücken und Motten in der Sommernacht von der brennenden Lampe. Sie werden gewissermaßen von dem blendenden Lichtschein hypnotisiert und rennen in ihr Verderben. An der englischen Küste hat man den Versuch gemacht, die Fische mit Hilfe von Schein= werfern in das Netz zu locken, ein Versuch, der zwar glänzend gelungen ist, aber bald den Fischreichtum unserer Meere zerstören würde; und die elektrisch beleuchtete Tiefseereuse des Fürsten von Monaco beruht eben= falls auf der Anziehungskraft, die das Licht auf die Meerestiere aus= übt. Den Tiefseefischen dienen ihre Laternen also vielleicht als Mittel zur Füllung ihres unersättlichen Magens, und bei manchen anderen, wie bei den Korallen, dient das Licht wohl demselben Zweck. Merkwürdig ist, daß ein vollkommen blinder Tiefseefisch (Inops) auch Leuchtorgane führt; es scheint das auch darauf hinzudeuten, daß diese den Besitzern weniger zum Erkennen der Umgebung dienen als zu dem eben angedeuteten Zweck. Manche Leuchtfische verlassen sich so sehr auf ihre Laternen als Fang= mittel, daß sie sich im Schlamm vergraben und allerlei leuchtende An= hängsel und Fäden herausstrecken und hin und her bewegen Aber wie ist's mit den Tieren, die offenbar nicht auf das Anlocken von Beutetieren angewiesen sind, wie z. B. die oben erwähnte Brisinga, die mit ihrer Mundöffnung im Schlamme wühlt? Man könnte annehmen, daß bei ihnen die Leuchtorgane als Schreckmittel dienen und nachstellende Feinde in die Flucht schlagen sollen. Es ist auch wahrscheinlich, daß viele dieser Leuchttiere imstande sind, je nach Belieben ihr Licht leuchten zu lassen oder nicht; zumal bei den höher organisierten ist ein Zusammenhang der Leuchtorgane mit dem Nervensystem sicher nachgewiesen. Bei dem oben erwähnten Kugelfisch scheinen es rein äußere Reize zu sein, die das

Leuchten hervorbringen, wie experimentell nachgewiesen werden konnte.
Bei wieder anderen ist es möglich, daß die Lichterscheinung nur dann
auftritt, wenn der Fortpflanzungstrieb sich regt, und daß sie daher zur
Anlockung der Geschlechter dient. Es ist auch möglich, daß, wie Brauer
meint, die über den ganzen Körper verteilten und in verschiedenem Lichte
erglänzenden Leuchtorgane dort in der Tiefe das Farbenkleid der am
Lichte lebenden Tiere ersetzen sollen. Wir sehen, daß hier der biologischen und physiologischen Forschung noch ein weites Arbeitsfeld offen
steht.

— Im Anschluß an die Leuchtorgane wollen wir hier kurz der Augen
der Meeresbewohner Erwähnung tun. Wir finden hier höchst überraschende Tatsachen, die zum großen Teile auch noch weiterer Aufklärung
harren. Bei den niedrigsten Tieren, den einzelligen Protozoen, fehlen
meistens die Augen oder es sind bei ihnen einfache Pigmentflecken vorhanden, mit denen die Tiere möglicherweise einen gewissen Grad von
Helligkeit wahrnehmen können. Von den festsitzenden Hohltieren (Polypen, Korallen usw.) sind fast alle blind, was ja auch leicht zu erklären
ist; erst bei den im ausgebildeten Zustand freischwimmenden Medusen
sind am Schirmrande einfache Augen bekannt. Daß aber die festsitzenden
Formen auch auf Lichtreize reagieren, ist genügend nachgewiesen und von
Loeb durch Versuche mit Eudendrium festgestellt worden. Je höher wir
in der Entwicklungsreihe der Tiere steigen, desto mehr vervollkommnen
sich auch die Sehorgane; einige Ringelwürmer (Alciope) zeigen schon
sehr gut entwickelte Augen; bei den Weichtieren finden wir bei manchen
Muscheln einfach gebaute Sehorgane am Mantelrande, während die am
höchsten stehenden Tintenfische schon Augen besitzen, die in ihrem Bau
denen der Wirbeltiere ähneln. Am auffallendsten ist aber die Entwicklung dieser Sinnesorgane bei den Krebsen und Fischen der Tiefsee. Bei
beiden finden wir abnorm vergrößerte neben verkümmerten Augen und
neben vollständiger Blindheit. Von den verschiedenen Arten von Asseln,
die die Netze des „Challenger" aus verschiedenen Tiefen heraufholten,
waren 34 vollständig blind, vier hatten ganz verkümmerte und 18 gut
entwickelte Augen, so z. B. die Riesenasseln (Bathynomus), von denen
eine Art bis zu 3000 Punktaugen besitzt. Auch bei einigen Spaltfuß-
krebsen sind die Sehorgane mehr oder weniger verkümmert (Bentheu-
phasia, Eucope, Amblyops u. a.). Sogar bei den am höchsten stehenden
Krebsen, den Zehnfüßern, kommen blinde Arten vor; bei Polycheles
und Pentacheles fehlt jede Spur eines Auges, bei Astacus zaleuca und
bei Nephropsis, zwei unserem Flußkrebs verwandten Formen, sind die
Augen stark zurückgebildet. Auch die Sehorgane der Tiefsee-Galatheen

sind fast immer pigmentlos und daher unbrauchbar, und Marshall teilt
mit, daß manchmal der Augenstiel zu einem Dorn verwandelt ist, auf
dessen Spitze sich noch die Hornhaut erkennen läßt. Das ist insofern sehr
interessant, als Herbst durch Versuche an Garneelen bewiesen hat, wie
leicht die Augen der Krebstiere verschwinden und anderen Bildungen
Platz machen. Er hat den Tieren eines ihrer gestielten Augen fortge-
nommen, und, siehe da, an Stelle der amputierten Sehwerkzeuge entstand eine gegliederte Geißel, die mit den gewöhnlichen Antennen eine
große Ähnlichkeit hatte. Ein anderes Beispiel liefert eine Krabbe (Ethusa
granulata); diejenigen Tiere, die im flachen Wasser leben, haben noch
gut entwickelte Augen, aber je tiefer die Tiere ins Meer hinabgestiegen
sind, desto mehr verkümmerten ihre Sehorgane, und bei den in 900 bis
1260 m Tiefe lebenden sind die Augenstiele zu einem Stirnstachel ver-
schmolzen. Interessant ist auch die von Chun beobachtete Tatsache, daß
bei Spaltfüßern die mehr nach der Tiefe zu wohnenden Arten das Bestreben zeigen, ihr Auge in zwei Abschnitte zu trennen, in einen Stirn-
teil und einen seitlichen Teil. Ebenso auffallend sind die Verhältnisse
bei den Tiefseefischen. Auch bei ihnen finden wir Arten mit sehr großen
und gut entwickelten Augen neben solchen mit verkümmerten Sehwerk-
zeugen (Inops, Typhlonus). Ein ebenfalls blinder Fisch (Amphionus
mollis) ist nach Agassiz einem augenlosen Schlangenfisch aus den Höhlen
Kubas (Lucifuga) nahe verwandt.

Wie sind nun diese auffallenden Unterschiede in der Ausbildung der
Augen bei Tieren, die oft einander nahe verwandt sind und oft auch in
annähernd gleichen Tiefen gefunden wurden, zu erklären? Von den abnorm entwickelten und auf langen Stielen sitzenden Teleskopaugen mancher Tiefseefische, bei denen die Pupillenöffnungen sehr groß und fast
ganz von der Linse ausgefüllt sind, haben wir bereits kurz gesprochen.
Daß die Sehwerkzeuge dieser Tiere sich vergrößern und vervollkommnen,
damit in den Meeresgründen von der geringen dort vorhandenen Licht-
menge möglichst viel aufgenommen werden könne, vermögen wir ebenfalls zu verstehen; auch umgekehrt wissen wir, daß Tiere, die in dunklen
Höhlen leben, allmählich ihre Augen zurückbilden, da sie ihrer zum Sehen
nicht mehr bedürfen. Man sollte also annehmen, daß wir bei den Meerestieren, je tiefer wir die Netze versenken, entweder eine Vervollkommnung
oder eine zunehmende Zurückbildung der Augen finden müßten. Das ist
aber durchaus nicht der Fall, wie wir sahen. Zweifellos hat das abnehmende Licht auf diese Organe in der eben beschriebenen Weise eingewirkt; schon die Vorfahren in der Entwicklung haben sich eben den veränderten Lichtverhältnissen im Laufe der Jahrtausende nach Möglichkeit

angepaßt. Die Unterschiede in der Richtung der Anpassung erklären sich
vielleicht zum Teil daraus, daß dem einen Wesen die Augen unumgäng=
lich nötig waren zur Erlegung seiner flüchtigen Beutetiere, während dem
anderen Tiere andere Jagdmittel zu Gebote standen in Gestalt von
Fangfäden, mächtigen Scheren usw. Aber das erklärt immer noch nicht
das gleichzeitige Vorkommen nahe verwandter blinder und gut sehen=
der Formen, denn die Verhältnisse der Tiefsee, in der sie heute leben,
sind für beide ja ganz gleich. Nun können wir mit Bestimmtheit an=
nehmen, daß die vielen Arten der Tiefseetiere nicht in den dunklen Tiefen
ihre Heimat haben, sondern daß sie aus sonnigeren, lichtfreudigeren
Gegenden stammen und sich entweder von den Küsten her oder aus den
Oberflächenschichten in die dunkle Tiefe begeben haben. Über die Wan=
derungen der Seetiere wußten wir bis vor wenigen Jahren herzlich
wenig; erst in den letzten Jahren hat man durch Markierung die Wan=
derungen der Fische, z. B. der Flundern, zu verfolgen gesucht; an der
englischen Küste hat man gleiche Versuche mit Krabben gemacht. Die
Wanderungen gehen sowohl in horizontaler und auch in vertikaler Richtung
vor sich; die Einwanderung der Tierwelt in die Tiefen hat aber natür=
lich nicht für alle Tiere gleichzeitig begonnen und geendet, sondern sie
ist ganz allmählich von jeder Form für sich im Laufe der Jahrtausende
unternommen worden und dauert noch heute fort. So scheint es uns
eher erklärlich, daß sich solche Unterschiede zeigen; je mehr die Sehwerk=
zeuge der Tiefseetiere vom normalen Bau abweichen, desto ferner liegt
die Zeit, wo sie die Wanderung in die Tiefe antraten.

Was die Färbung der Tiefseetiere anbelangt, so hängt sie innig mit
den Lichtverhältnissen der Tiefenschichten zusammen. In Tiefen von
80—100 m würde für das menschliche Auge jedes Wahrnehmungsver=
mögen für Lichtstrahlen aufhören. Wenn deshalb auch bei zunehmender
Tiefe die Farben der sie bewohnenden Tiere im allgemeinen dunkler
werden, so finden sich doch zahlreiche Arten mit tiefroten und gelben
Färbungen vor. Eine Erklärung dieser Tatsachen gibt uns wenigstens
für die Schichten, in die das Licht noch bringt, die Lehre von den Kom=
plementärfarben. Solche sind grün und rot, orange und blau. In die
größren Tiefen gelangen, wie wir sahen, aber nur die grünen und blauen
Strahlen, und in ihnen sind die roten und gelben Farben ebenso schwer
sichtbar, wie rote und gelbe Gegenstände unter grünem und blauem
Glase verschwinden. Die auffallenden Färbungen sind also für die Tiere
als Schutzfarben anzusehen. Immerhin herrschen aber in den tiefsten
Schichten schwarze, violette nnd braune Farbentöne vor.

Wie bei vielen blinden Menschen bekanntlich das erloschene Augenlicht teilweise durch ein sehr fein ausgebildetes T a st g e f ü h l ersetzt wird, so ist das auch bei vielen Tiefseeformen der Fall. So finden wir bei vielen Krebsen außerordentlich lange Fühler und Gliedmaßen auftreten, und wir gehen wohl nicht fehl, wenn wir annehmen, daß diese Tiere mit den langen Fortsätzen ihre dunkle Umgebung prüfend untersuchen. Derartige verlängerte Gliedmaßen und dazu noch ein paar Scheren, die mehr als dreimal die Länge des Rumpfes übertreffen, zeigt Pachygaster formosus. Die Krabbenspinnen der Tiefsee bestehen, wie ihr Gattungsname (Pantopoden) sagt, tatsächlich fast nur aus Beinen. Bei Colossendeis arcuata aus 1470 m Tiefe sind die Gangwerkzeuge, auf denen das wunderbare Tier auf dem Meeresgrunde einherstelzt, schon fast dreimal so lang wie der Körper; bei seinen Verwandten von der westamerikanischen Küste aus 900—2700 m Tiefe aber trägt der nur wenige Millimeter lange Rumpf fast 30 cm lange Beine. Da der Magen dieses stockdünnen, wandelnden Gerippes in dem kleinen Rumpf nicht genügend Platz hat, setzen sich seine Fortsätze als Blinddärme in jedes der acht Beine fort, so daß das Tier, wie ein Autor sagt, „seinen Magen in den Hosentaschen trägt". Auch manche Tiefseefische besitzen feinempfindliche Tastwerkzeuge in Gestalt von Fühlfäden; bei Eustomias obscurus (Abb. 27) betragen sie ein Drittel der Körperlänge und endigen in quastenförmig angeordneten Fühlwärzchen, bei Stomias boa (Abb. 27) sind sie ähnlich gebaut, nur kleiner, bei Bathypterois longipes dagegen fast von Körperlänge und am Ende gegabelt. Bei dem im Schlamm sich vergrabenden Melanocetus (Abb. 27) scheint der Kopfanhang als Lockmittel für vorüberziehende Beutetiere zu dienen. Derartige lange Körperfortsätze konnten naturgemäß nur solchen Tieren von Nutzen sein, die in einer so ruhigen Umgebung leben, wie sie die Tiefsee bietet; in bewegtem Wasser würden solche Fühlfäden sich bald verwickeln und ihren Besitzern eher Schaden als Vorteil bringen.

Ganz anderer Einrichtungen bedürfen die p e l a g i s c h l e b e n d e n T i e r e des Meeres. Organe, die eine Bewegung in wagerechter Richtung ermöglichen, können ihnen bei der schrankenlosen Ausdehnung ihres Elementes nicht von besonderem Nutzen sein; sie fehlen deshalb sehr oft, oder ihre Muskulatur ist zurückgegangen. Nur bei den nahe der Oberfläche lebenden finden sich bisweilen segelartige Einrichtungen, die eine passive Fortbewegung durch den Wind ermöglichen. Dagegen sind oft Mittel zu einer senkrechten Bewegung, zum Auf- und Niedersteigen, vorhanden, und bei vielen Tieren, die nur nachts an die Oberfläche kommen, sind die Augen verkümmert oder fehlen ganz. Alle Kräfte sind in erster Linie auf den Nahrungserwerb konzentriert, und dieser Zweck wird um

so leichter erreicht werden, je weniger Kraftaufwand der Aufenthalt in
dem flüssigen und leicht beweglichen Element erfordert, je besser die
Tiere sich dem Schweben im Wasser angepaßt haben. Auf höchst mannig-
fache Art und Weise haben die Angehörigen der pelagischen Tierwelt
dieses Ziel erreicht. Alle derartigen Einrichtungen laufen auf das Be-

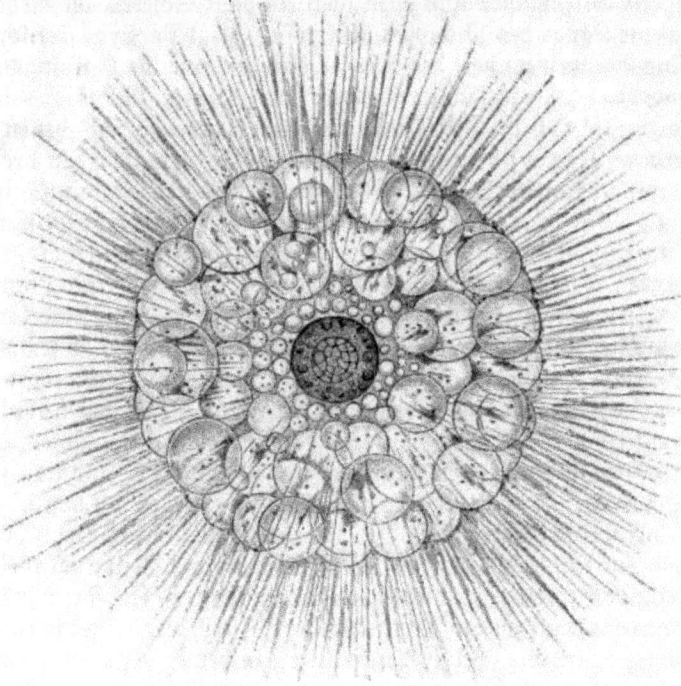

Abb. 37.   Thalassicolla pelagica.

streben hinaus zu schweben, das spezifische Gewicht des Körpers möglichst dem des Wassers gleichzumachen. Sehr häufig findet sich die
Aufnahme von Wasser; die Tiere werden gewissermaßen „wassersüchtig".
So sind z. B. viele Medusen (Abb. 32) von einer so breiartigen Beschaffenheit, daß sie, mit der Hand aus dem Meer gefischt, durch die
Finger laufen und, an der Luft getrocknet, nur ein silberglänzendes Häut-
chen zurücklassen.

Eine derartige gallertartige Körpersubstanz findet man ganz allgemein bei Radiolarien (Abb. 37, 38), Medusen (Abb. 32), Rippenquallen, Flossen- und Kielfüßern und vielen Larven. Dabei wird das
ganze Tier oft glasartig durchsichtig; das gilt auch von Krebsen, so von

dem prachtvollen Calocalamus pavo (Abb. 39) einem kleinen Ruder=
füßer aus dem Mittelmeer, in deſſen glashellem Körper man alle Or=
gane ſehen kann, ſowie von der Copilia vitrea, deren orangefarbener
Darm ſich wirkungsvoll von der glasartig durchſichtigen Leibesmaſſe
abhebt.

Die Fähigkeit zu ſteigen und zu fallen wird bei niederen Tieren durch
das Auftreten von Hohlräumen und Luftbläschen erzeugt, wobei man
unwillkürlich an die hohlen Knochen und
Luftſäcke der Vögel denken muß. Ganz all=
gemein finden ſich ſolche Alveolen bei den
Radiolarien (Abb. 37), die auch
deshalb beſonders intereſſant ſind,
weil ſich in ihrem Innern oftmals
grünlich=gelbe Algenzellen (Zo=
oxanthellen) finden. Dieſes Zu=
ſammenleben (Symbioſe) zweier
ſo verſchiedenartiger Organismen
iſt beiden Teilen offenbar von
Vorteil; der tieriſche Körper lie=
fert den mineraliſchen Stoff und
vor allem Kohlenſäure, während
letztere ihrem Wirte organiſche Subſtanz und
Sauerſtoff im Austauſch abgeben.

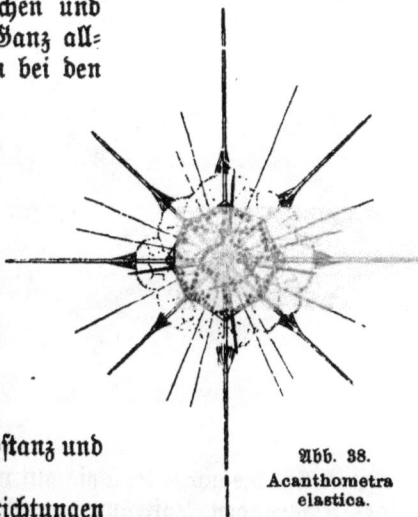

Abb. 38.
Acanthometra
elastica.

Weit verbreitet ſind auch Einrichtungen
zur Bewegung in ſenkrechter Richtung. Eigentümlich iſt die Fähigkeit
mancher Nacktſchnecken (Glaucus), den Darm als Schwimmblaſe zu be=
nutzen; ſie ſchlucken oder ſtoßen Luft aus, je nachdem ſie ſteigen oder fallen
wollen. Allbekannt iſt der hydroſtatiſche Apparat, den viele Fiſche in ihrer
Luftblaſe beſitzen. Aber ſolche Einrichtungen zum Sinken und Steigen fin=
den ſich auch bei vielen anderen Tieren, ſo bei den Kolonien der Röhren=
quallen oder Schwimmpolypen (Siphonophoren, Abb. 33), jenen merk=
würdigen Schauſtücken der Natur, bei denen die Arbeitsteilung innerhalb
des ganzen Stockes ſo weit durchgeführt iſt, daß jedes Einzeltier eine
ganz beſtimmte Aufgabe zu verrichten hat. Bei den baumförmigen
Stöcken der Phyſophoren befindet ſich zu oberſt ein zu einer Luftblaſe
umgewandelter Polyp; ein Zuſammendrücken oder Erweitern des Luft=
ſackes bewirkt ein Fallen oder Steigen der ganzen Kolonie. Dann fol=
gen eine Anzahl Schwimmpolypen, durch deren rhythmiſche Zuſammen=
ziehungen das Waſſer herausgeſtoßen und dadurch eine langſame Orts=
veränderung erzielt wird. Damit noch nicht genug; einzelne Polypen

ohne Mundöffnung sind zu bloßen Tastern geworden, von denen lange
Fäden mit jenen den Hohltieren eigentümlichen Nesselzellen herabhängen;
wieder andere sind zu bloßen Deckstücken verkümmert, unter denen sich
zu fruchtbaren Medusen umgewandelte Polypen befinden, und endlich fin=
den wir solche, die eine Mundöffnung besitzen und für die Ernährung
des ganzen Stammes sorgen. — Sehr groß, einem Ballon aus feinster
Seide vergleichbar, wird der Luftsack bei Physalia caravella u. a.; bei

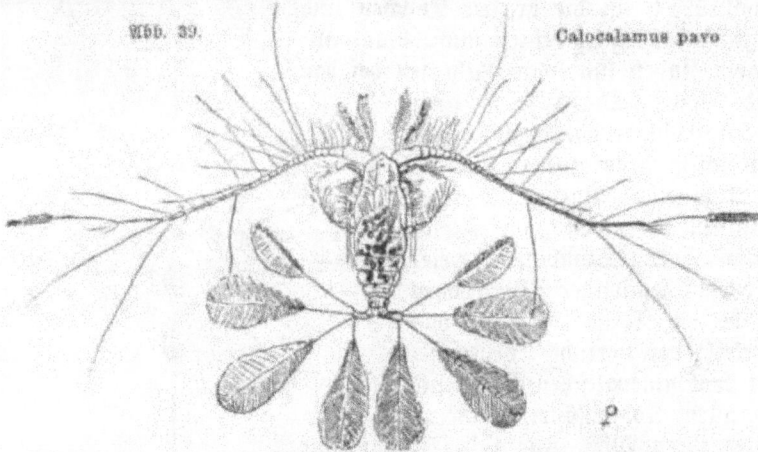

Abb. 39.   Calocalamus pavo

Porpita sitzt die ganze Kolonie mit nach unten gerichteten Polypen auf
einer kreisrunden, Lufträume einschließenden Scheibe, bei Velella ist
letztere eiförmig und trägt einen aufrechten Kamm, der als Segel be=
nutzt wird. Alle diese und andere Hohltiere (Aglantha, Beroë), ferner
Salpen u. a. bilden manchmal große Schwärme, durch die das Schiff
tagelang hindurchfährt. Ihr Auftreten scheint aufs engste mit den Wind=
richtungen und Meeresströmungen zusammenzuhängen, und besonders
den rascher fließenden Strömen des Südens. Auch Fett= und Öltröpf=
chen können, ebenso wie bei den Diatomeen, bei vielen niederen Tieren
zur Erleichterung des Schwebens dienen, hauptsächlich zwar bei den
einzelligen, aber auch bei Muschel=, Ruder= und Flohkrebsen und vie=
len Larven. Es ist, wie wir sahen, wahrscheinlich, daß bei manchen
Phosphoreszenzerscheinungen der Meerestiere diese Stoffe eine Rolle
spielen.

    Ganz allgemein verbreitet ist als Schwebemittel die Oberflächen=
vergrößerung des Körpers, sowohl bei Foraminiferen (Abb. 7) und
Radiolarien (Abb. 8, 37, 38), als auch bei manchen Larven der Sta=
chelhäuter, den Flügelschnecken und anderen Tieren, vor allem aber bei

den Krebfen. Die zu papierbünnen Platten umgewandelten Körper der Phyllofomen, der Larven von Panzerkrebfen, die man früher als befondere Arten befchrieb, die blattförmigen Scheiben der Sapphirinen, die wie ein langer Glasfaden im Waffer fchwebenden Rhabbofomen gehören ebenfo hierhin, wie die früher erwähnte floßbauende Veilchenfchnecke (Janthina). Überall zeigt fich das Beftreben, die Oberfläche des Körpers zu vergrößern. Auch bei Tieffeekrebfen tritt das zum Teil hervor, und die riefig langen und bünnen Fühler und Beine des Nematocarcinus gracilipes und feiner Verwandten beuten barauf hin, daß das Tier wohl weniger auf dem Grunde als in den Wafferfchichten barüber pelagifch anzutreffen ift. Intereffante und reizende Formen find auch die vor einigen Jahren durch die Unterfuchungen Giefebrechts näher bekannt gewordenen Ruberfüßer (Copepoben) aus dem Mittelmeer, bemerkenswert vor allem baburch, daß einige von ihnen gleich den fliegenden Fifchen eine freilich nur fekundenlange Luftreife unternehmen können. Bei der Betrachtung der Tierchen benkt man unwillkürlich an die zahlreichen Schwebe= und Flugeinrichtungen bei den Pflanzenfamen. So hat Calocalamus pavo (Abb. 39) Fühler am Kopfe, die boppelt fo lang find wie das ganze Tier und ihm als Gleichgewichtsftangen im

Abb. 40. Calocalamus plumulosus.

Waffer bienen; am Ende des Körpers befinden fich aber fächerförmig, wie ein Pfauenfchweif ausgebreitet, acht golbig glänzende Feberchen, denen es feinen Beinamen verbankt; fein Better (C. plumulosus, Abb. 40) trägt ähnliche Schwebeapparate vorn und am Ende des Körpers, wo letzterer außerdem in einen aus den feinften Fieberchen gebildeten Anhang ausläuft, der fechsmal fo lang ift wie der Körper. Bei der glashellen Copilia vitrea endigen die vier Beinpaare in feine Feberbürftchen, bei der lichtblauen Pontellina plumata erleichtern ange Härchen und zehn Fieberchen am Ende des Körpers das Schweben.

Die Farbe der pelagifch lebenden Tiere hängt aufs engfte mit den genannten Anpaffungserfcheinungen zufammen. Bei den weitaus meiften Formen ift die Grundfärbung blau, offenbar eine Schutzfärbung, die befonders die der Oberfläche nahe lebenden Formen (Velella, Physalia, Sapphirina) zeigen; farblos find auch einige Fifche und Fifchlarven. Zu letzteren gehört auch der durchfichtige Leptocephalus; Graffi zeigte zuerft, daß diefes Wefen kein ausgebilbeter Fifch, fondern die

Larve unseres Flußaales ist, dessen Eier unlängst in Tiefen von mehr
als 1800 m schwebend gefunden worden sind. Die Flußaale sind also
ursprünglich Tiefseetiere. Tiefer lebende Krebse sind oft hochrot gefärbt.
Eine Schnecke (Glaucus) zeigt eine blaue Färbung mit silberweißen
Flecken, so daß sie vom Schaum der Wellen kaum zu unterscheiden ist.
Zwischen den einzelnen Farben finden sich, oft an demselben Tiere, zahlreiche Übergänge. Besonders zeigen dieses Schauspiel die Juwelen des
Meeres, die zarten Quallen. Den Eindruck, den Lesson von der Physalia caravella hatte, beschreibt er mit folgenden Worten: „Die Blase
und ihre Krause, mit Luft gefüllt, erscheinen im perlmutterartig glän-
zenden Silber, dem sich harmonisch die Farbentöne Blau, Violett und
Purpur anschmiegen. Ein lebhaftes Karminrot färbt die Aufbauschungen
des Randes der Krause und das zarteste Ultramarin spielt auf den einzelnen Fühlfäden."

Schluß.

Werfen wir noch einen kurzen Blick auf den zurückgelegten Weg.
Kaum sechs Jahrzehnte liegen zwischen heute und den Zeiten, als die
Wissenschaft zum ersten Male mit Ernst daranging, die unbekannten
Tiefen der Ozeane in den Kreis ihrer Untersuchungen zu ziehen. In
Anbetracht dieser kurzen Spanne Zeit darf sie mit berechtigtem Stolz
auf das Errungene zurücksehen. Wie vieles ist seit jenem Tage, da das
erste Wort, geleitet vom Telegraphenkabel, blitzschnell die Tiefen des
Atlantik durcheilte, erreicht worden; wie vieles aber bleibt noch zu tun
übrig! Trotz der Tausende von Lotungen und Netzzügen, die in den
letzten Jahrzehnten unseres Jahrhunderts der Erfindungen ausgeführt
wurden, ist unser heutiges Wissen in vieler Beziehung noch äußerst
lückenhaft. Noch recht weit sind wir von einer vollständigen Erkenntnis
der Natur der verschiedenen Strömungen im Meere entfernt, besonders der kalten Bodenströme, von ihren Wechselbeziehungen zueinander,
ihrer senkrechten und horizontalen Ausbreitung; das Relief des Meeresbodens unter dem Großen Ozean ist uns noch fast ganz unbekannt, und
in Beziehung auf die Sinkstoffe der Tiefsee können wir uns nur von denen
der oberflächlichen Schichten des Bodens ein auch noch recht unvollstän-
diges Bild machen. Ebenso unvollkommen ist unsere Kenntnis von den
mannigfaltigen und ineinander greifenden Gesetzen, nach denen die Erscheinung der Gezeiten verläuft, sowie von den Hebungen und Senkungen des Meeresspiegels und vielen anderen wichtigen Punkten. Was
die Organismen der Ozeane anbelangt, so harren eine ganze Reihe
schwerwiegender biologischer Probleme heute noch der Lösung. Lautete
früher die Frage: wo in der Tiefe liegt die Grenze organischen Lebens?

so heißt sie heute: gibt es überhaupt eine solche Grenze im Meer? Noch wissen wir wenig Sicheres über Wanderungen der Organismen in vertikaler und horizontaler Richtung, über die Verwandtschaftsbeziehungen und Übergänge zwischen den einzelnen Tierformen, über die Richtigkeit der Chunschen Theorie, daß noch heute ein Austausch arktischer Oberflächenformen mit antarktischen Tiefseebewohnern stattfindet, und zahlreiche andere Punkte. An diese Frage reihen sich viele, viele andere, die wir bei unseren Betrachtungen des Raumes halber kaum berühren durften.

Wir dürfen nicht vergessen, daß nicht allein wissenschaftliche Neugierde durch die Meeresforschung ihre gewiß berechtigte Befriedigung sucht, sondern daß durch sie auch eine ganze Reihe eminent wichtiger praktischer Gesichtspunkte eine früher ungeahnte Förderung erhalten hat. In erster Linie hat natürlich die Seeschiffahrt aus diesen Arbeiten ihren Nutzen gezogen, und unsere großen Schnelldampfer durcheilen heute die weiten Wasserwüsten mit einer Sicherheit und Pünktlichkeit, die ans Wunderbare grenzt. Weiterhin ist die Seefischerei zu nennen, die erst nach einem genauen Studium der großen Wanderzüge der Fische und ihrer Lebensgewohnheiten ihre heutige Höhe gewinnen konnte und noch längst nicht den höchsten Punkt ihrer Entwicklung erreicht hat; erst wenn wir eine eingehende Kenntnis von den Lebensgewohnheiten. der Fische, ihrer Nahrung, ihrer Laichzeit, ihrer Wanderungen und anderer wichtiger biologischer, heute noch ruhender Fragen erlangt haben werden, wird es möglich sein, eine systematische Ausbeutung der reichen Meeresgründe ins Werk zu setzen und der Raubfischerei, die heute schon zu mancher ernsten Besorgnis Anlaß gibt, ein Ende zu machen. Aber wir alle stehen auch auf dem Festlande im Banne des Meeres; beruht doch die wichtige Vorhersage des Wetters meist auf Vorgängen, die sich fern von uns draußen auf den weiten Flächen des Meeres abspielen, und steht doch unser ganzes Klima im engsten Zusammenhang mit dem wärmenden Mantel, den der Golfstrom um ganz West- und Nordeuropa schlägt. Erst jetzt geht man daran, die gewaltige Kraft des Meeres, die in der Erscheinung der Gezeiten liegt, auszunutzen, und in seinem Schoße ruhen unendliche mineralische Schätze, an deren Hebung der Mensch eben erst überhaupt zu denken beginnt.

Die verschiedensten Zweige der Naturwissenschaften reichen sich bei der Erforschung der Meere die Hände; jeder kleine Erfolg bedeutet eine Stufe weiter auf der langen Leiter der Naturerkenntnis, jeder schneidet zugleich neue Fragen an. Möge unser deutsches Volk auch n Zukunft sein redlich Scherflein zu dieser gemeinsamen Arbeit der Völker beitragen.